解密天珠

邱承彬 编著

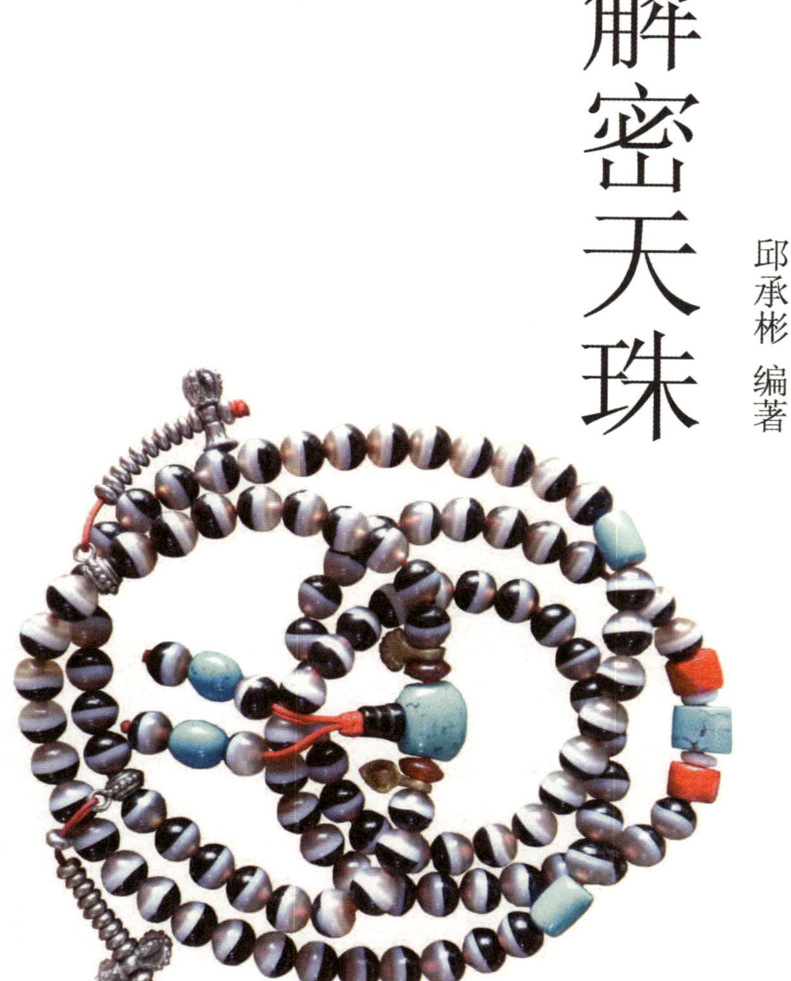

山东教育出版社

图书在版编目（CIP）数据

解密天珠 / 邱承彬编著. —济南：山东教育出版社，2018

ISBN 978-7-5701-0163-4

Ⅰ.①解… Ⅱ.①邱… Ⅲ.①宝石—研究—西藏 Ⅳ.①TS933.21

中国版本图书馆CIP数据核字（2018）第042106号

解密天珠

邱承彬 编著

主　管：山东出版传媒股份有限公司
出版者：山东教育出版社
（济南市纬一路321号　邮编：250001）
电　话：（0531）82092664　传真：（0531）82092625
网　址：www.sjs.com.cn
发行者：山东教育出版社
印　刷：山东新华印刷厂潍坊厂
版　次：2018年3月第1版第1次印刷
规　格：787mm × 1092mm　16开
印　张：13.5
印　数：1–1500
字　数：170千字
书　号：ISBN 978-7-5701-0163-4
定　价：100.00元

（如印装质量有问题，请与印刷厂联系调换）
印厂电话：0536-2116806

序

笔者从事天珠研究与鉴赏多年，从十几年前开始搜集有关天珠的资料，积累了部分实物及大量的资料、图片。经过八年的认真编写，《解密天珠》终于出版发行，特赋诗一首，代为序。谨以此书与志同道合的天珠爱好者共勉。

神秘天珠　圣湖雪山
文化厚重　历史久远
松赞干布　珠赐官员
瑰宝圣物　脱俗超凡
质地细密　玉润珠圆
图腾神奇　鬼工妙玄
喜马拉雅　寻根求源
解密天珠　走近高原

邱承彬

2017年11月19日

目录

第一章　天珠——宝石中的圣者 ◇ 001

一、宝石的概念及特点 / 001

二、宝石的分类 / 003

三、天珠是宝石中的圣者 / 005

第二章　与天珠有关的部分岩石矿物 ◇ 007

一、火成岩 / 007

二、沉积岩 / 008

三、石英岩玉类 / 011

四、水晶与朱砂玉 / 016

五、朱砂 / 018

第三章　天珠的组分 ◇ 019

一、有关学者对天珠的解释 / 019

二、天珠组分 / 022

第四章　天珠分类 ◇ 024

一、按天珠的器形分类 / 024

二、按图腾的形成方式分类 / 033

三、按年代分类 / 038

四、按宗教仪式分类 / 039

第五章　影响天珠价值的因素 ◇ 040

第六章　天珠的图腾寓意 ◇ 043

一、一眼天珠 / 043

二、二眼天珠与二线天珠 / 051

三、三眼天珠与三线天珠 / 055

四、四眼天珠与四线天珠 / 059

五、五眼天珠与五线天珠 / 061

六、六眼天珠与六线天珠 / 062

七、七眼天珠与七线天珠 / 063

八、八眼天珠与八线天珠 / 067

九、九眼天珠与九线天珠 / 068

十、十眼天珠与十线天珠 / 072

十一、十一眼天珠与十一线天珠 / 073

十二、十二眼天珠与十二线天珠 / 074

十三、十三眼天珠与十三线天珠 / 075

十四、十四眼天珠与十四线天珠 / 077

十五、十五眼天珠与十五线天珠 / 078

十六、十六眼天珠与十六线天珠 / 079

十七、十七眼天珠与十七线天珠 / 079

十八、十八眼天珠与十八线天珠 / 079

十九、十九眼天珠与十九线天珠 / 080

二十、二十眼天珠与二十线天珠 / 080

二十一、二十一眼天珠与二十一线天珠 / 081

二十二、四季豆天珠 / 082

二十三、金刚天珠 / 083

二十四、吉祥旋（卍）天珠 / 086

二十五、佛灯天珠 / 091

二十六、佛足天珠与知足天珠 / 095

二十七、达摩天珠 / 097

二十八、大人天珠 / 098

二十九、贵人天珠 / 099

三十、药师天珠 / 100

三十一、日月星天珠 / 105

三十二、佛龛天珠 / 108

三十三、神龟天珠与龟甲天珠 / 109

三十四、菩提天珠 / 112

三十五、天地天珠 / 114

三十六、金钱钩天珠 / 117

三十七、如意天珠与如意钩天珠 / 118

三十八、金刚橛天珠 / 123

三十九、宝鱼天珠 / 123

四十、男根天珠 / 125

四十一、女根天珠 / 127

四十二、神鸟天珠 / 128

四十三、神鼠天珠 / 129

四十四、神牛天珠与牛角天珠 / 131

四十五、神虎天珠、虎牙天珠与虎纹天珠 / 132
四十六、神兔天珠 / 135
四十七、神龙天珠与龙眼天珠 / 135
四十八、神蛇天珠 / 138
四十九、神马天珠 / 139
五十、神羊天珠与羊眼天珠 / 139
五十一、神猴天珠 / 140
五十二、神鸡天珠 / 142
五十三、神狗天珠 / 143
五十四、神猪天珠 / 144
五十五、凤眼天珠 / 144
五十六、寿桃天珠 / 149
五十七、佛陀天珠 / 150
五十八、迦叶天珠 / 155
五十九、观音天珠 / 155
六十、弥勒佛天珠 / 160
六十一、经幡天珠 / 163
六十二、祥云天珠 / 164
六十三、大山天珠 / 165
六十四、修行洞天珠 / 168
六十五、宝瓶天珠 / 169
六十六、葫芦天珠 / 171
六十七、皇帝天珠 / 173
六十八、大熊猫天珠与大熊猫眼天珠 / 174
六十九、大圆满天珠 / 175
七十、大象天珠与象耳天珠 / 175
七十一、吉祥欢喜县官天珠 / 177
七十二、莲花天珠与芬陀利华天珠 / 177
七十三、佛口天珠 / 179
七十四、海螺天珠 / 180
七十五、阿弥陀佛天珠 / 185
七十六、双身长寿佛天珠 / 186
七十七、金蟾天珠 / 187
七十八、法轮天珠 / 188
七十九、鬼王天珠 / 190
八十、佛塔天珠 / 190
八十一、摩尼宝珠天珠 / 192
八十二、闪电十字杵五眼天珠 / 193
八十三、宝阶天珠 / 194
八十四、水纹天珠与水滴天珠 / 198
八十五、麒麟眼天珠 / 200
八十六、阴阳天珠 / 201
八十七、元宝天珠 / 201
八十八、火供天珠 / 203
八十九、飞天天珠 / 205
九十、佛陀头盖骨舍利天珠 / 206
九十一、横财天珠 / 207

后　记 ◇ 208

第一章　天珠——宝石中的圣者

一、宝石的概念及特点[1]

1. **概念：**用于贵重首饰或宗教器物的矿石叫做宝石。宝石的概念有广义和狭义之分。

（1）广义的宝石概念：泛指一切美丽而珍贵的矿石，我国宝石学家用“贵美石”一词替代。国家标准中明确定义，宝石是对天然珠宝玉石（包括天然宝石、天然玉石和天然有机宝石）、金属宝石和人工宝石（包括合成宝石、人造宝石、拼合宝石、镶蚀宝石和再造宝石）的统称，简称宝石。

（2）狭义的宝石概念：专指由自然界产出可用于制作贵重首饰的矿石，具有美丽、耐久、稀少三大特性。一般宝石为单晶体，也可含有部分双晶体。

2. **特点：**宝石具备美丽性、耐久性和稀少性三大特点。

（1）美丽性：宝石美丽漂亮的特性称为美丽性。颜色美丽的宝石经济价值自然会高。

颜色：矿石中有红、橙、黄、绿、青、蓝、紫、黑、白色以及无色透明的宝

---

① 参见崔文志编著：《宝石品鉴与收藏》，海风出版社2009年版；〔英〕卡里·霍尔著：《宝石》，中国友谊出版公司2010年版；张蓓丽主编：《系统宝石学》，地质出版社2006年版。

石，以红、蓝、翠绿、金黄等色调为上乘。同一颜色中，宝石发亮，价值升高；宝石发暗，则价值下降。

光泽： 天然宝石除色彩好外，还要有对可见光较强的反射能力，这就是宝石的光泽。按光泽强弱的程度，可分为金刚光泽、玻璃光泽、油脂光泽、丝绢光泽、蜡状光泽、珍珠光泽、树脂光泽、琥珀光泽等。

宝光效应： 宝光效应是指宝石特有的光学效应，可分为猫眼宝光、星状宝光、变色宝光、变彩宝光、晕彩效应、沙金效应等。

透明度和纯净度： 宝石虽然很难达到纯净透明，但宝石透明度和纯净度越高越贵重。透明度直接关系到宝石反射能力的强弱，透明度越高，反射能力越强，宝石就越晶莹亮丽。

图腾： 个别宝石的图腾完美与否决定着宝石的价值，图腾越完美，宝石的价值越高，如天珠等。

器形： 宝石的器形完美与否决定着宝石的价值，宝石的器形越完美，宝石的价值越高。

总之，颜色、光泽、特殊的宝光效应、透明度和纯净度、图腾、器形都决定着宝石的价值。

（2）耐久性：宝石的耐久性与宝石的硬度和韧度有关。通常化学稳定性好、硬度大、韧度大、抗磨损的宝石易保存，可世代相传，魅力持久。

方解石晶簇硬度3

萤石硬度4

长石硬度6

石英硬度7

黄玉硬度8

（3）稀少性：指宝石在自然界中产量很少，物以稀为贵，稀少性决定着宝石价值。

二、宝石的分类

宝石分为极品宝石（也叫宝石）、名贵宝石（也叫半宝石）、有机宝石（生物宝石）、金属宝石和人工宝石等五大类。

随着资源的稀缺，沉香（木质宝石）、天然天珠、和田羊脂白玉被尊为人们特别喜爱的三类宝石。沉香、天珠、和田羊脂白玉并称宝石中的三大圣者。

1. **极品宝石（宝石）**：钻石、红宝石、蓝宝石、祖母绿、金绿宝石（猫眼石、变石）等。

2. **名贵宝石（半宝石）**：碧玺、尖晶石、锆石、托帕石（黄玉）、橄榄石、石榴石、石英、水晶、月光石、日光石、拉长石、方柱石、金红石、红纹石、柱晶石、黝帘石（坦桑石）、绿帘石、红柱石、翡翠（硬玉）、透闪石、和田玉（软玉）、岫玉（软玉）、独山玉、欧泊（蛋白石）、玛瑙、玉髓、天珠、木变石、虎睛石、鹰眼石、东陵石、萤石、方钠石、磷灰石、赛黄晶、透辉石、锂辉石、绿松石、青金石、孔雀石、葡萄石、鸡血石等。

海蓝宝石（邱荆義摄影） 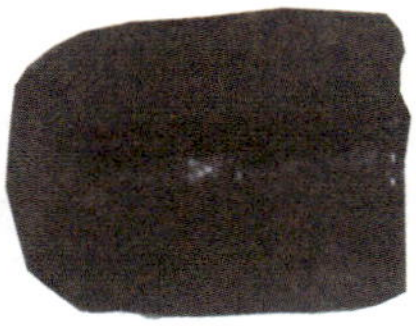　黑碧玺 　方钠石 　琥珀

祖母绿 　葡萄玛瑙 　石榴石

绿帘石 　绿松石 　绿柱石 　玉髓

球状玛瑙原石（邱荆義摄影）

3. **有机宝石（生物宝石）：**红珊瑚、象牙、珍珠、玳瑁、琥珀等。天然有机宝石由自然界生物生成，全部或部分由有机物质组成，可用于制作首饰及装饰品。

4. 金属宝石：黄金、银和铂。

5. 人工宝石：完全或部分由人工生产或制造，用作首饰及装饰品的材料统称为人工宝石。包括合成宝石、人造宝石、再造宝石、拼合宝石和镶蚀宝石等五个类别。

三、天珠是宝石中的圣者

天珠也叫佛眼、天眼珠、天眼石、天眼、慧眼、法眼、瑟瑟、瑟珠、斯、思、丝、斯珠、思珠、丝珠、亚玛瑙、九眼石、蚀刻玛瑙、镶蚀天珠、九眼石页岩、摩尼宝珠、如意珠、塔珠、如意宝、龙珠、猫眼石（不是金绿宝石中的猫眼石，指天珠）等。天珠概念有广义与狭义之分。

1. 天珠的狭义概念

（1）天然天珠：指青藏高原产出的玛瑙（玉髓、缠丝玛瑙、缟玛瑙等）、其它石英岩玉类或其它矿石，经过球形切割或打磨，显现同心圆一样的佛眼图腾、其它佛教图腾或吉祥图腾的宝石。天然形成图腾的天珠叫天然天珠。

（2）人工镶蚀天珠：指用人工的方法经过打磨后，在青藏高原产出的没有图腾的玛瑙（玉髓）、石英岩玉类、其它矿石或材料上，制造上佛眼图腾、其它佛教图腾或吉祥图腾的宝石。人工制作（镶蚀、雕刻、蚀刻）上图腾的天珠叫人工天珠。

2. 天珠的广义概念

（1）天然天珠：指世界各地所产出的玛瑙（玉髓、缠丝玛瑙、缟玛瑙等）、其它石英岩玉类或其它矿石，经过球形切割或打磨，显现同心圆一样的佛眼图腾、其它佛教图腾或吉祥图腾的宝石。天然形成图腾的天珠叫天然天珠。

（2）人工镶蚀天珠：指用人工的方法经过打磨后，在世界各地产出的没有图腾的玛瑙（玉髓）、其它石英岩玉类、其它矿石或材料上，制造上佛眼图腾、其它佛教图腾或吉祥图腾的天珠。人工制作（镶蚀、雕刻、蚀刻）上图腾的天珠叫人工天珠。

3. 天珠是宝石中的圣者

宝石的价值主要取决于自身的瑰丽、稀罕和耐久性，此外，尚因民族和国情的差异而有所不同。以翡翠为例，多少年来一直为东方民族及亚洲国家人民所喜爱，视若珍宝，被誉为玉中玉，宝中之宝。在西方则不然，仅将翡翠归属于一般宝石或称之为准宝石而已。钻石是世界公认的珍贵宝石，价值最为珍贵，但以往也曾被红宝石以及绿祖母所代替。

天珠从一诞生就带有神秘的色彩，有传说认为天珠是藏族英雄格萨尔王留下的神灵，佩在身上可以驱魔辟邪，抵御恶障。也有传说认为天珠是佛的眼睛，佩戴可以平安吉祥，趋吉避凶。也有传说认为天珠是活的生物或虫子化石而成。也有传说认为天珠是天神帝释天抛撒下的金刚杵变成的珠宝。也有传说认为天珠是天上如意树掉下的果实。也有传说认为天珠是四大天王的法器变化而成。也有传说认为天珠是韦陀菩萨手中金刚杵的化身。还有传说认为天珠是金翅大鹏的心脏燃烧变成的宝珠。这些传说都使天珠成为人们乐意佩戴的饰物。

美丽的传说，悠久的历史，加之藏传佛教把天珠作为宝石器物，因此，对于藏族而言，最珍贵的宝石并非是翡翠，也不是钻石，而是天珠。天珠也就成了宝石中的圣者。

第二章　与天珠有关的部分岩石矿物

矿物宝石（天珠等）分布在岩石或由岩石衍生出的宝石沙粒中。岩石本身由一种或数种矿物组成。岩石可分为三大类，即火成岩、沉积岩和变质岩。这些岩石中具有宝石特性的矿物，或许可轻易地在地表找到，但也可能深埋于地下，有些由于侵蚀作用而与基质岩分离，被河水携带到湖泊或海洋中。

一、火成岩

火成岩又叫岩浆岩，三大岩类之一，是指岩浆冷却后（地壳里喷出的岩浆，或者被融化的现存岩石）形成的一种岩石。常见的岩浆岩有花岗岩、安山岩及玄武岩等。一般来说，岩浆冷却凝固愈慢所产生的岩石晶体就愈大，宝石也就愈大。许多大型宝石的晶体是在某种称为伟晶岩的侵入火成岩中形成的。

火成岩按侵入地壳的深度分为三类，即浅成岩、深成岩和火山碎屑岩。浅成岩一般为细粒、隐晶质（玉髓、玛瑙、天珠）和斑状结构。深成岩一般为全晶质粗粒结构。火山碎屑岩一般为形成细粒或玻璃质的岩石。浅成岩和深成岩又叫侵入岩，熔岩和火山碎屑岩又叫喷出岩。

黑曜岩　符山石　云母

火成岩的主要矿物有橄榄岩、辉石岩、苦橄岩、辉长岩、辉绿岩、玄武岩、闪长岩、二长岩、闪长玢岩、安山岩、石英、钾长石、酸性斜长石、少量黑云母、花岗岩、花岗闪长岩、花岗斑岩、流纹岩、碱性长石、霞石、碱性辉石和碱性闪石、霞石正长岩、霞石正长斑岩、粗面岩及响岩等。

火成岩能形成天珠。

二、沉积岩

沉积岩又叫水成岩，是在地表不太深的地方，由其它岩石的风化产物和一些火山喷发物，经过水流或冰川的搬运、沉积、成岩作用形成的岩石。

吉林长白山天池火山石及火山碎屑

沉积岩一般成层堆叠，这种特征可见于装饰性宝石。澳大利亚的蛋白石大都产于沉积岩中；伊朗的绿松石主要产于页岩之类的沉积岩脉中；天珠也产于页岩之类的沉积岩中；岩盐（石盐）和石膏也都是沉积岩。沉积岩一般分为角砾岩、砾岩、砂岩、粉砂岩、泥岩、页岩、石灰岩等。页岩根据其混入物质的成分可分为钙质页岩、铁质页岩、硅质页岩、炭质页岩、黑色页岩、油母页岩等，其中铁质页岩可能成为铁矿石，油母页岩可以提炼石油，黑色页岩可以作为石油的指示地层，硅质页岩可能形成玛瑙、玉髓、天珠、石英等。

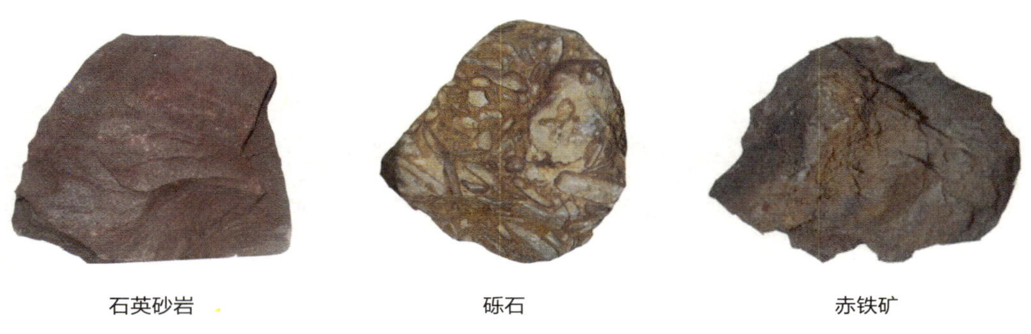

石英砂岩　　砾石　　赤铁矿

喜马拉雅山珠峰白灰相间的页岩（荆玉英摄影）

1. 沉积岩的造岩组分：造岩组分包括碎屑组分、化学–生物化学组分、蒸发化学组分、有机质衍变组分、火山喷发组分、宇宙物质（如陨石、宇宙尘）组分等，有些沉积岩可能有冰碛物质参与了造岩等。

（1）宇宙尘：也叫宇宙尘埃、星际尘，是飘浮于宇宙间的岩石颗粒与金属颗粒。一指直接来自地球之外（流星、彗星等）的大气尘粒；二指来自星际和行星际空间的尘埃。

宇宙尘大致有三种类型，第一种外表颜色呈黑色或褐黑色，外表光亮耀眼，极像一颗颗发亮的小钢球；第二种是暗褐色或稍带灰白色的球状、椭球状、圆角状的小颗粒，主要成分为氧、硅、镁、钙、铝等；第三种是一些无色或淡绿色的玻璃球，主要成分为二氧化硅，还含有少量的二价氧化物。

（2）陨石：指地球以外未燃尽的宇宙流星脱离原有运行轨道或成碎块散落到地球或其它行星表面的、石质的、铁质的或是石铁混合物质，也称陨星。大多数陨石来自位于火星和木星之间的小行星，少数来自月球和火星。

日照天台山太阳文化源女娲石（陶克摄影）

日照天台山太阳文化源神鳌石（庄克铠摄影）

青藏高原天际空旷，据传说常有陨石坠落，可能会有陨石元素（如铱等）参与了天珠造岩，天珠就有了陨石这一重要组分，人们因崇拜陨石而崇拜天珠。

（3）冰碛：又称冰川沉积物，全称为冰碛砾泥岩，指在冰川作用过程中所挟带和搬运的碎屑构成的堆积物。

青藏高原有冰碛岩区，在天珠成岩过程中，可能有冰碛成分参与造岩。

冰碛岩区所含有的锌、硒等人体必需的微量元素特别丰富，冰碛岩中富集锶、铬、钴、镍等，钪则相对亏损。

2. **常见页岩**：常见页岩有以下几种。

（1）黑色页岩。（2）碳质页岩。（3）油质页岩。（4）硅质页岩。天珠属硅质页岩。（5）铁质页岩。（6）钙质页岩。（7）砂质页岩。

天然硅质页岩天珠（荆玉英收藏、摄影）

沉积岩能形成天珠。

三、石英岩玉类[①]

石英岩玉类是生产打磨天珠的优质材料，其中的缟玛瑙、缠丝玛瑙属硅质页岩，是制作天珠的重要材料。

石英岩玉的主要矿物成分为细小石英颗粒组成的集合体，成分中常含有云

① 李娅莉等编著：《宝石学教程》，中国地质大学出版社2011年版，第262～267页。

母、微量氧化铁、有机质混入物而形成各种颜色。根据组合颗粒的粗细程度又分为显晶质集合体和隐晶质集合体两大类。显晶质石英岩玉的主要品种有铬云母石英岩（东陵石）、铁云母石英岩（密玉）、含迪开石石英岩（贵翠）和石英岩。隐晶质石英岩玉又分为玛瑙、玉髓。

1. 隐晶质石英岩玉——玛瑙、玉髓

（1）玛瑙、玉髓的基本特征

化学成分：玛瑙是由二氧化硅组成的矿物，主要为石英，有时含有少量蛋白石，成分中常有微量氧化铁、有机质等，而使玛瑙产生各种颜色。

形态：玛瑙一般呈块状、结核状、钟乳状、脉状，有的有外皮，有些无皮壳，外观质地极为细腻。玉髓一般为隐晶质块状体，呈钟乳状或葡萄状。

构造特点：玛瑙具有纹带构造，为胶体矿物，有层带状、同心圆状、隐现冰凌纹状、有实心或空心状。

玛瑙

产状、产地：隐晶质石英岩玉的品种主要为玛瑙和玉髓，为二氧化硅胶体溶液沉淀而成，所不同的是具有纹带结构的为玛瑙，块体无纹带结构者则为玉髓。在天然岩石的空洞或裂隙中二氧化硅溶液按层或同心圆状依次沉淀而成。由于每一层所含的微量杂质不同，则呈现不同的颜色，使玛瑙有着极丰富的颜色种类。玛瑙和玉髓主要产于火山岩裂隙及杏仁状的空洞中，也产于沉积岩和砾石层及现代残坡积的堆层中。著名产地有中国、印度、巴西、俄罗斯、美国、埃及、澳大利亚、墨西哥、马达加斯加、乌拉圭等国。

我国玛瑙、玉髓产地分布广泛，主要产地为东北三省的黑龙江嫩江流域、辽宁凌源、辽宁阜新。东北三产地的红玛瑙在红的色调上各有不同，透明度、外皮也有差异，细致观察可鉴别其质量优劣。其它产地有云南、四川、西藏、青海、甘肃、山东、内蒙古、广西、宁夏、江苏、河北、新疆、福建等地。

（2）玛瑙的主要品种类型

玛瑙按颜色分类：红玛瑙、蓝玛瑙、绿玛瑙、紫玛瑙、黑玛瑙、白玛瑙、灰玛瑙、黄玛瑙等。

玛瑙按结构、形态分类：缟玛瑙、缠丝玛瑙、子孙玛瑙、苔藓玛瑙、水胆玛瑙、火炬玛瑙。缟玛瑙、缠丝玛瑙是制作天珠的重要材料。

（3）玉髓：隐晶质石英块体无纹带构造者称之为玉髓。

红玉髓：内含氧化铁呈红色，颜色为淡红、深红、褐红色者被称为“红玉髓”、“光玉髓”等。产于印度、巴西、日本，我国甘肃、宁夏也有产出。

葱绿玉髓：绿色玉髓，由氧化铁致色，含绿泥石和阳起石包裹体，以深绿色为主。

绿玉髓：也称“澳洲玉”或“英卡石”。绿玉髓只有葱心绿色一种。由镍致色，常呈不规则板状、块状产出。皮层向板块中部延伸，把绿色分割片状、瘤状。皮为石英质，放大观察可见水晶小晶体。著名产地为澳大利亚。

蓝玉髓：为蓝色，颜色鲜艳美观，半透明状，我国台湾东部有产出。

杂质玉髓（碧玉）：指由半透明至不透明玉髓组成的宝石，因含杂质太多

鸡血红碧玉

沙漠玫瑰（陶克摄影）

而影响透明度。它有各种颜色，如白色碧玉、红色碧玉、绿色碧玉等。当以不同颜色混合产出时，给人一种自然景观的印象，故又称为风景碧玉。带红点的碧玉也称“血滴石”。杂质玉髓往往染成蓝色而作为“瑞士青金”或“德国青金”出售。

杂质碧玉常形成佛教图腾与吉祥图腾，是优质的天珠材料。

2. 隐晶质石英岩玉的其他特征。

（1）工艺要求：隐晶质石英岩玉产量大、产地多、颜色丰富多彩，加之玛瑙花纹变化无穷，是制作首饰、天珠和高、中档玉器的主要料源，也是我国玉雕材料中的一大品种，用量大、销路广。质量好、颜色鲜艳者做首饰石，图腾完美者制作天然天珠，图腾不完美者或无图腾者可制作人工镶蚀天珠，大部分材料则做玉雕。

（2）优化处理：隐晶质石英岩玉通常进行加热和染色人工处理工艺来改变颜色外观，其中玛瑙的改色历史悠久。通过改色后的玛瑙颜色鲜艳更惹人喜爱，对颜色浅淡的玉髓也可以进行染色处理来提高颜色的鲜艳程度。

（3）加热处理：玛瑙玉髓是重要的宝石资源，五光十色的天然玛瑙中真正有经济价值的主要为自然界少见的红玛瑙。天然的红玛瑙直接使用时，其红色不鲜艳，原因是玛瑙中致色元素有二价铁。二价铁氧化成三价铁，使玛瑙的红色变得鲜艳，因此，绝大多数红玛瑙必须经过加热处理后再使用，人们也称这类玛瑙为烧红玛瑙。

人们常说的天珠中的朱砂是玛瑙、玉髓中的二价铁高温变成三价铁所制，并非真正的朱砂。

（4）染色处理：玛瑙和玉髓都可以进行染色处理，以达到提高颜色鲜艳程度的效果，染剂主要以无机染料为主，有机染料易褪色，而且不鲜艳。染色后的玛瑙、玉髓可呈现鲜艳的红色、绿色、蓝色和黄色等。

（5）鉴别特征：隐晶质石英岩由于产出广泛，数量较多，有经验者一眼可以认出。

玛瑙通常由典型的环带状或纹带状结构而识别，硬度高，耐磨性好，表面较光滑，折射率约为1.54，相对密度值为2.65，硬度为6.5～7，在稀释三溴甲烷中呈悬浮或缓慢漂浮状态。

玉髓以澳大利亚产的绿玉髓价值较高，原料中可见白色皮壳或鬃眼，放大观察水晶的小晶粒聚集在一起，成品中透光观察可见无色细脉状物质分布于绿玉髓之中。折射率约为1.54，相对密度值为2.65左右，硬度高，耐磨性好，表面光滑。

隐晶质石英岩玉的仿制品主要为玻璃或半脱玻化玻璃，有些仿制玛瑙的玻璃具有不连续的纹带结构；玻璃仿绿玉髓，肉眼观察有较多的小黑点，放大观察实为气泡。折射率约为1.50，相对密度值不稳定，硬度低，表面有磨损现象。

隐晶质石英岩玉是制造天珠的重要材料。

3. **显晶质石英岩玉**：品质不同，二氧化硅的含量略有变化。一般呈致密块状或呈微粒状集合体，由于含有杂质，而形成不同的颜色。

（1）东陵石（铬云母石英岩）：颜色为浅绿到暗绿色，透明至半透明，硬度为6.5～7。

（2）密玉（铁锂云母石英岩）：颜色为浅灰绿色、棕红色，呈微透明体，硬度为6.5～7。

（3）贵翠（含迪开石石英岩）：颜色为淡蓝绿色，绿中带蓝的色调，色不均匀，硬度为6.5～7，微透明至不透明，在贵翠中常有鬃眼或条带的其它物质分布。

（4）石英岩：颜色为乳白色，半透明到微透明，颗粒细小，具油脂光泽，硬度为7。一般工艺上仅选用白色中带蓝色调的石英岩。如果质量较好时可染成绿色用来仿翡翠。市场上一种称为“马来西亚玉”的宝石就是一种染色石英岩。

（5）二氧化硅置换宝石：由二氧化硅交代作用而形成，但宝石材料仍保留了

木化石

石英矿石

甘肃博物馆叶菊石
（个别天珠是用菊石加工的）

原矿物晶型的特点，如木变石的石棉纤维状结构和硅化木的木质细脆结构，有时也称为假晶石石英岩玉。

石英岩玉类是制作广义上的天珠与狭义上的天珠的重要材料。

四、水晶与朱砂玉

1. 水晶：属单晶石英类宝石，主要成分是二氧化硅，除此之外还含有一些伴生矿，因铬、锰、铜、铁等离子而造成折射产生多种颜色。

水晶晶簇

单体水晶

黄水晶

红水晶

当二氧化硅结晶完美时就是水晶；结晶不完美的就是石英；二氧化硅胶化脱水后就是玛瑙；二氧化硅含水的胶体凝固后就成为蛋白石；二氧化硅晶粒小于几微米时，就组成玉髓、燧石或次生石英岩。

绿水晶　　水晶　　紫水晶　　绿幽灵水晶

（1）化学成分：主要成分为二氧化硅，由于含有不同的混入物而呈现多种颜色。含锰和铁者称紫水晶；含铁者（呈金黄色或柠檬色）称黄水晶；含锰和钛呈玫瑰色者称蔷薇石英，即粉水晶；烟色者称烟水晶；褐色者称茶晶；黑色透明者称墨晶。水晶常与玛瑙、玉髓伴生。

（2）水晶与天珠图腾：当玛瑙与水晶伴生时，有些天珠的图腾线是水晶形成的。

2. **朱砂玉**：又名牡丹玉、硅质鸡血石、桦甸玉、金顶红、朱砂鸡血石彩玉等，是一种含辰砂的石英脉。由于辰砂非常细小且均匀地分布在石英脉中，而使玉质呈细腻的紫红色、鲜红色块体，多不透明，可作首饰和玉雕工艺品。

朱砂玉由于是在金矿顶部发现的，俗称“金顶红”，石质坚硬、细密，一般肉眼不能见其颗粒，半透明至不透明。含辰砂高者，可显金刚光泽，次为玻璃—油脂光泽。

朱砂玉的全称是朱砂鸡血石彩玉，是鸡血石的一种，因其量少，在市场上难

得一见。朱砂玉色彩斑斓，有红、黄、白、黑等颜色。与鸡血石的区别在于，虽然“血”一样都是辰砂，“地”则不同，鸡血石的“地”是地开石，而朱砂玉的“地”则是石英岩。

朱砂玉的产地吉林桦甸是陨石的降落区域，所以朱砂玉或多或少会含有陨石元素。朱砂玉有玛瑙一样的色环，也能形成美丽的佛教图腾或吉祥图腾，且含有石英，因此它是广义上天然天珠的一种。因其含有大量朱砂，人们认为有辟邪的作用。

五、朱砂

朱砂又称辰砂、丹砂、赤丹、汞沙，是硫化汞的天然矿石，大红色，有金刚光泽至金属光泽，属三方晶系。朱砂主要成分为硫化汞，为提炼汞的唯一矿石，但常夹杂雄黄、磷灰石、沥青质等。

辰砂（邱荆義摄影）

朱砂的粉末呈红色，可以经久不褪。我国利用朱砂作颜料已有悠久的历史，“涂朱甲骨”就是指把朱砂磨成红色粉末，涂嵌在甲骨文的刻痕中，以示醒目，这种做法距今已有几千年的历史了。后世的皇帝们沿用此法，用辰砂的红色粉末调成红墨水书写批文，就是“朱批”。

朱砂呈半贝壳状或参差状断口，硬度为2～2.5。体重，质脆，片状者易破碎，粉末状者有闪烁的光泽，无味。

用玛瑙、玉髓打磨的天然天珠里面很难见到朱砂，通常所说的天珠里面的“朱砂红点”是氧化铁，但是随着人工天珠制造技术的不断发展，在制造人工天珠时，有可能把朱砂添加进去。用朱砂玉打磨的天然天珠里面有朱砂。

第三章　天珠的组分

天珠在西藏叫九眼石页岩，火成岩和沉积岩都能形成天珠，含有玉质及玛瑙成分，红色的天珠是一种稀有宝石。天珠主要由黏土固结而成的薄页片状岩石组成。天珠的色泽大约可分为黑色、白色、红色、咖啡色及绿色等，页岩颜色因所含化学物质不同而颜色不同，如含氧化铁者呈红色，含氢氧化铁者呈微黄色，含炭质则呈灰黑色。

藏人称天珠为亚玛瑙、九眼石页岩，这是狭义上的天珠。

一、有关学者对天珠的解释

1. 诺布旺典对天珠的解释①

“在西藏，把蚀刻玛瑙珠称为瑟，它常被用来作护身符，能保护佩戴的人，有消灾免祸之功效。瑟珠亦称‘天珠’，表明它在藏人心中的神圣地位，这种藏地独有的珠宝，长约寸许，圆筒形，有天然花纹，被认为是藏族英雄格萨尔王留下的神灵，佩在身上可以驱魔辟邪，抵御恶障。也有传说认为瑟珠是活的生物或虫子化石而成，或天神抛撒下的珠宝，甚至也有人认为它是天上如意树掉下的果

① 诺布旺典著:《唐卡中的法器》，紫禁城出版社2009年版，第230页。

实，这些想象都使瑟珠成为藏人乐意佩戴的饰物。”

“瑟即缟玛瑙，有两类：一种是圆筒形棕色或黑白相间的缟玛瑙，上有圆形‘睛’或环，这一类中最罕见的是九睛瑟珠，中间是一个带成角的、类似‘卍’符的图案。另一种是圆形玉髓或光玉髓变体，上有螺旋形赭色、白色或金色条纹。条纹或五星是最早的瑟珠图案，也有其它神秘图案符号，多为火蚀刻而成，也有天然形成的。”

“瑟珠是一种源自西藏本土的宝石，因此，它不具备印度神灵的宝石器物和类似之物的象征意义，但在描绘苯教神灵时，常用来做护身符，有消灾免祸之效。”

诺布旺典讲的是狭义上的天珠，指产自青藏高原的九眼石（缟玛瑙）打磨而成的天然天珠或用青藏高原的九眼石火蚀的人工天珠。

2. 罗伯特·比尔对天珠的解释①

“缟玛瑙在藏文中被称作‘瑟’，常用作护身符，以抵御各种邪恶影响。在古墓附近或新近耕作的农田里经常可以发现瑟珠。据说，瑟珠源于史前时期，有关瑟珠的神话传说甚多。一种说法认为，瑟珠是活的生物或虫子，当人们一看见或触摸它们时，它们就石化了。另一种说法认为，瑟珠是天神抛撒下来的珠宝。每当珠宝破损或变成碎粒时，天神就将它们抛下。还有说法认为，瑟珠是天上如意树掉下的果实；是传说中金翅鸟口中掉落的东西；或是传说中藏族英雄岭·格萨尔王散落的珍宝，他从波斯王的宝库里掠取了这些珠宝。”

“瑟珠一般被分为两类：一种是圆筒形棕色或黑白相间的缟玛瑙上有圆形‘睛’或环。另一种是圆形玉髓或光玉髓变体，上有螺旋形赭色、白色或金色条

① 〔英〕罗伯特·比尔著，向红笳译：《藏传佛教象征符号与器物图解》，中国藏学出版社2007年版，第203～204页。

纹。根据形状，瑟珠还可分为细长的锥状‘母’瑟珠和较厚的筒状‘公’瑟珠。最受尊崇的瑟珠是圆筒状棕色或黑色缟玛瑙，上有九个白‘睛’，白睛内有一个带成角的、与‘卍’字符相似的图案。九睛瑟珠十分罕见且价格昂贵。在西藏，九睛瑟珠的交易价格相当于一座中等农舍的价格或几磅重的银锭。”

“自公元三世纪以来，在印度河和底格拉斯河之间广阔的区域可能就已使用了蚀刻玉髓、蚀刻光玉髓和蚀刻不透明玛瑙的技术。先用芦苇笔或毛笔蘸着浓烈的苏打水在圆筒状石头上画出图案。在烘干时，将石头埋在热灰中烘烤片刻，当石头变冷、被清洗干净后，变得更黑的石头上就会留下带釉的白色图案或者说是白色图案渗入更黑的石头中。把苏打水溶液涂在整块石头上就可以得到相反的图案，然后进行烤烧直到石头变白。随后，用硝酸铜溶液进行蚀刻直至出现白底黑色图案。最早的瑟珠图案可能带有条纹或五星。上等石头是未经切割和不透明的，图案深藏在石头中，石头要有光滑度，闪烁着熠熠生辉的光泽。”

“瑟珠源自西藏本土，因此，它不具备印度佛教神灵的宝石器物和类似之物的特征。但在描绘苯教神灵时经常提到瑟珠。”

罗伯特·比尔认为天珠产自西藏本土，诺布旺典也认为天珠产自西藏本土。由此看来，天珠产自西藏本土，这是狭义上的天珠概念。而广义上的天珠是包括了青藏高原及以外地区产出的，不论是火成岩还是沉积岩，能够形成佛眼、其它佛教图腾和吉祥图腾的石英岩玉类。

苏打水跟二氧化硅发生化学反应的化学方程式：苏打水是碳酸氢钠溶液，碳酸氢钠（$NaHCO_3$）俗称苏打水。高温下，碳酸氢钠分解为碳酸钠、二氧化碳气体和水：$2NaHCO_3 \xlongequal{高温\triangle} Na_2CO_3 + CO_2$（气体）$+ H_2O$。高温下，二氧化硅与碳酸钠反应生成硅酸钠和二氧化碳气体：$SiO_2 + Na_2CO_3 \xlongequal{高温\triangle} Na_2SiO_3 + CO_2$（气体），天珠上面的白色图腾即硅酸钠，反应的原理：难挥发性物质制取易挥发性物质。这是古代人工镶蚀古董天珠的制作化学原理。

3. 张蓓莉对天珠的解释[①]

“……产于南京地区的雨花石和西藏的天珠，其主要成分也是隐晶质的二氧化硅。……天珠是西藏宗教的一种信物。根据天珠表面圆形图案多少分为：一眼天珠、二眼天珠直至九眼天珠。其主要矿物成分为玉髓。市场上常见的天珠多数经过优化处理。另外也有树脂、玻璃等材料制作的仿制品。”

罗伯特·比尔在《藏传佛教象征符号与器物图解》一书中，认为西藏天珠是缟玛瑙或红玉髓的变种。诺布旺典在《唐卡中的法器》一书中也说过“瑟即缟玛瑙”，缟玛瑙是玛瑙的一种。李娅莉等编著的《宝石学教程》一书载：缟玛瑙“由较宽的黑白条带状花纹构成，纹带具平行层状结构”。天珠属于缟玛瑙或红玉髓。

现今随着开采技术的发展，彩缟玛瑙也问世了。

二、天珠组分

1. 天珠的矿物组分

广义上的天珠和狭义上的天珠其主要矿物成分为玉髓，化学成分为二氧化硅。产地不同所含的杂质不同，其含有的化学元素也不尽相同。

2. 石髓、碧玉、玛瑙、燧石、玉髓[②]

“……隐晶质异种，一般隐晶质的石英集合体称石髓；具不同颜色条带或花纹相间分布的石髓称玛瑙；暗色、坚韧、极致密的块状或结核状隐晶质石英集合体称燧石；具红、黄、绿、褐等色的块状隐晶质石英集合体称碧玉。”

这说明玛瑙、燧石、碧玉等归石髓（玉髓）类宝石，这些宝石如有佛眼图

① 张蓓莉主编:《系统宝石学》，地质出版社2006年版，第377～378页。

② 赵珊茸主编:《结晶学及矿物学》，高等教育出版社2011年版，第323页。

腾、其它佛教图腾和吉祥图腾就称为天珠。

3. 天珠的化学成分

岩石包括沉积岩，沉积岩包括黏土岩，黏土岩包括页岩，页岩包括硅质页岩，硅质页岩包括九眼石页岩，九眼石页岩打磨成天珠。西藏硅质页岩（九眼石页岩）可能含有玉质、玛瑙（玉髓）、水晶、燧石、冰碛岩、石英岩、陨石（含镍、铂、铱、钴等元素）[①]、宇宙尘、火山碎屑岩、铁质岩、锰质岩、磷质岩、铝质盐、粘土岩等成分，其主要成分为二氧化硅。火成岩形成的天珠其主要成分是二氧化硅。

4. 天珠的物理性质

其硬度等物理性质跟制作天珠的玉髓、玛瑙、其它石英岩玉类等材料的物理性质有关，材质不同则物理性质不同。

---

① 林静编著：《外太空送给人类的宝石：陨石》，中国社会出版社2012年版，第106页。

第四章　天珠分类

一、按天珠的器形分类

按天珠的器形可分为柱状天珠、椭圆状天珠、圆球状天珠、瓜棱状天珠、随形状天珠、锥状天珠、牛角状天珠、原石状天珠等多种。

柱状天珠又叫棒状天珠、塔状天珠，这是天珠的基本形状。

椭圆状天珠：羊（阳）眼天珠是这种形状。

圆球状天珠：很多手珠是这种形状。

圆球状天珠

瓜棱状天珠：福瓜天珠是这种形状。

随形状天珠：随矿石的形状打磨而成的形状或矿石本身的形状。

随形状天珠（邱荆義摄影）

随形状天珠（荆玉英收藏）

锥状天珠：形状像圆锥体。

牛角状天珠：形状像牛角。

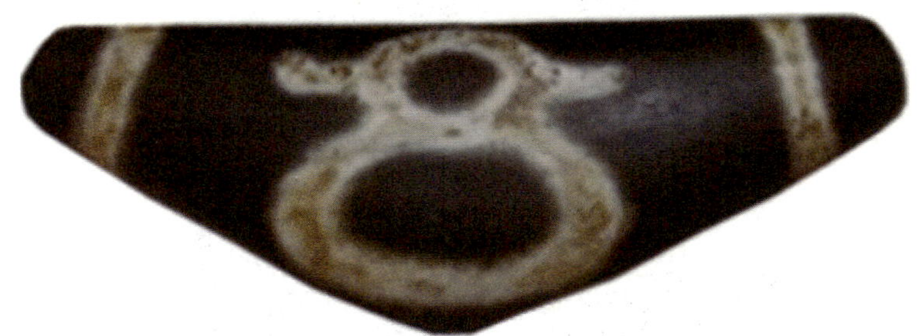

人工牛角状贵人天珠（尹连浩收藏，李辰洁摄影）

天然牛角状佛龛天珠（邱荆羲摄影）

原石状天珠：不用打磨，原石上面有天然形成的天珠图腾或原石本身是天珠图腾的天珠，这种天珠为原石状天珠。

除柱状天珠外，其它几种形状是随着时代的发展，为方便佩戴与供养逐步制造出来的。

由于天珠大多呈柱状，本书重点介绍柱状天珠。

柱状天珠的器形来源有以下几种说法。

原石状佛转法轮天珠

原石状大山天珠

原石状神鹰天珠（王文婷摄影）

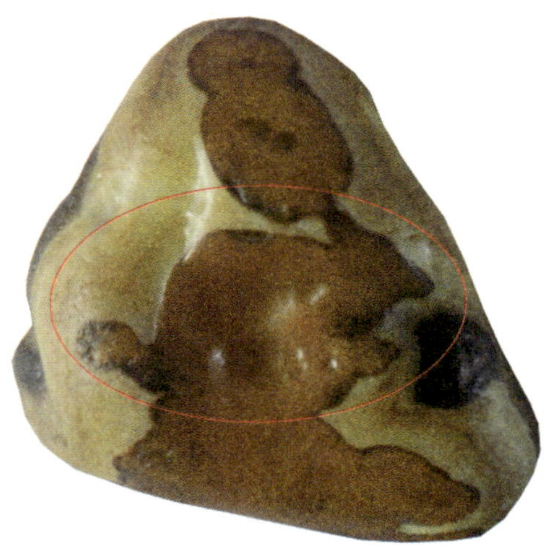

原石状神鼠天珠

原石状女根天珠

1. 柱状天珠的器形来源于阿育王石柱

因天珠的形状颇似阿育王石柱，因此叫柱状天珠。

尼泊尔蓝毗尼园阿育王石柱上的波罗密文字

柱状天然一眼天珠

2. 柱状天珠的器形来源于佛塔

因柱状天珠的形状颇似佛塔，故柱状天珠也叫塔珠。

嘉峪关护国寺上院圆柱形佛塔

洛阳白马寺齐云塔

云冈石窟六牙白象驮佛塔

柱状天然佛形图腾天珠

柱状天然一眼天珠

柱状天然金刚二眼天珠

北京颐和园佛塔

济南千佛山佛塔（孙红摄影）

3. 柱状天珠的器形来源于金刚杵

金刚杵，梵名瓦支拉，藏语称多吉，又叫做宝杵、降魔杵等。原为古代印度之武器。由于质地坚固，能击破各种物体，故称金刚杵。金刚杵有独股、三股、五股、九股等，一般以五股的为多见。还有两个金刚杵垂直交叉，呈十字形，称为十字金刚杵。这是柱（棒、塔）状天珠器形的来历。

锥形天珠的器形来源于金刚铃的形状，一般认为这种天珠是“母珠”。金刚铃一头为杵状，一头为铃状，也是修法时用的法器，柄端也有佛头、观音或五股金刚铃形。一般以金刚杵代表阳性，以金刚铃代表阴性，有阴阳和合的意思。阴阳合，万物生。

金刚杵　金刚铃　金刚橛

十字金刚杵

4. 柱状天珠的器形来源于璎珞

北魏、北齐、北周时期佛像的璎珞上已经有柱状珠宝。

璎珞：指装饰于颈上的饰物。古代用珠玉串成的装饰品，多用于颈饰，璎珞原为古代印度佛像颈间的一种装饰，东汉时期，随着佛教一起传入中国。唐代时，被爱美求新的女性所模仿和改进，变成了项饰。它形制比较大，在项饰中最显华贵。

青州石刻佛像天珠璎珞：山东省青州龙兴寺出土的北魏至北齐时期的石佛像在山东青州博物馆展出，在佛像的璎珞上有柱（棒、塔）状珠宝。唐吐蕃时期，天珠的形状由此延续而来。

山东青州博物馆北魏等时期石佛像及其璎珞串上的柱状石雕天珠

山东青州博物馆展出的北魏、北齐、北周时期的佛像，璎珞上面已经有了柱状珠宝，天珠的形状是这样延续下来的

大同云冈石窟石刻佛像天珠璎珞：云冈石窟石刻菩萨像璎珞上也有柱（棒、塔）状珠宝，天珠的形状由此延续而来。

云冈石窟第9窟菩萨像上的璎珞有柱状珠宝

二、按图腾的形成方式分类

1. **天然天珠**：指青藏高原产出的玛瑙（玉髓、缠丝玛瑙、缟玛瑙等）、其它石英岩玉类或其它矿石，经过球形切割或打磨，显现同心圆一样的佛眼图腾、其它佛教图腾或吉祥图腾的宝石。天然形成图腾的天珠叫天然天珠。

柱状天然天珠

柱状天然天珠

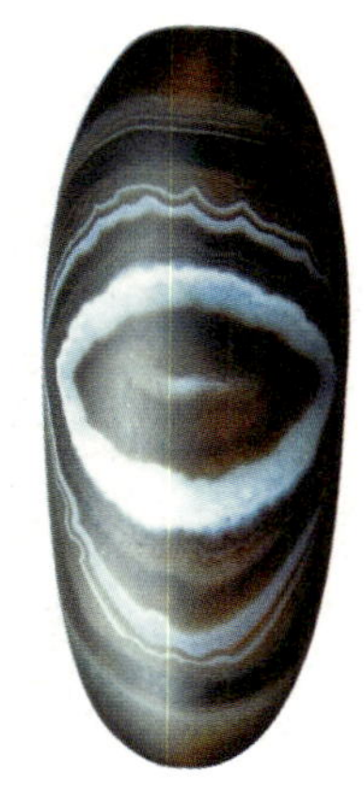

柱状天然天珠（刘志霞收藏）

2. **人工镶蚀天珠**：指用人工的方法在青藏高原产出的没有图腾的玛瑙（玉髓）、其它石英岩玉类或其它矿石材料上，经过打磨制造出佛眼图腾、其它佛教图腾或吉祥图腾的宝石。人工制作（镶蚀、雕刻、蚀刻）上图腾的天珠叫人工镶蚀天珠。它又分为古代人工镶蚀古董天珠和现代人工镶蚀天珠。

西藏大昭寺佛塔上的人工镶蚀天珠及其它宝石

3. 古代人工镶蚀古董天珠

（1）古西藏之说。据相关传说，远在象雄国时期，天然天珠被大量入药使用，而天然天珠原本就非常难得，这就使得存世的数量凤毛麟角。苯教为使教义逐渐深化及发扬光大，开始以古老文献《象雄大藏经》中记载的图腾符号图案，以及天然天珠的图腾、天上的日月星辰和地上的山水湖泊河流形象，画于石材上，加以高温烧制，使图腾长久地留在石头上，加以崇拜，仿制天然天珠，以达到提升精神意识的目的，由此古代人工镶蚀古董天珠应运而生。可惜这个时期制造的天珠，至今并没发现。

（2）古印度之说。天珠的起源，可追溯到公元前3000年至公元前1500年之间，阿利安人的印度古国。依《吠陀经》记载，远古时因受地理环境及天然灾害的影响，求神庇佑之心自然产生，天珠因而被制造出来。古印度人为了治病掺入了各种药物，并念诵巫术咒语，把《吠陀经》中的图腾画于石材上，加以烧制，形成永久的图腾，以获得众神的加持与护佑。这个时期制造的天珠，至今也并未发现。

（3）吐蕃之说。松赞干布规定一等官员佩戴天珠：“吐蕃王朝时期，藏王和大臣们特别喜欢金银宝玉的装饰，王朝也以这些装饰表示地位的高低和功劳的大小。史书记载，松赞干布时，专门设置了从波斯、突厥进口珠宝玉石的商官，从西域进口了大量的绿松石，这种宝石不但成了雪域藏人的最爱，还成为男人和女人的第一装饰。而且人们普遍认为，男人戴绿松石耳环，会受到男神的庇护。总而言之，从吐蕃时期开始，松耳石（绿松石）成了藏族男女最为重要的装饰。男子佩戴松石项链和松石耳坠是勇敢的标志，女子簪上松石顶饰是美丽和富有的象征。”①“松赞干布规定了六种告身和六种标志用来认定官员的级别和表彰将士的勇猛。告身有点像今天的身份证，共分瑟瑟（指天珠，包括天然天珠和古代人工镶蚀古董天珠）、金、银、金饰银、铜、铁等六种，瑟瑟又称蚀刻玛瑙（古代人工镶蚀古董天珠）、亚玛瑙（天然天珠）、猫眼石（这里指天然天珠，并不是指金绿宝石之中的猫眼石），最为藏人看重。大瑟瑟告身授予大相，小瑟瑟告身授予副相、内相、大噶伦，小金子告身授予小内相、副噶伦等。勇饰用来表彰将士的勇猛精神，也分为六种，分别是虎皮袍、豹皮袍、虎皮褂、虎皮裙、缎马鞍垫、缎马蹬垫。据《西藏通史》记载，吐蕃时期军人的服装，与普通民众没有太大差别。军人在藏式长袍上套一件氆氇、羊皮套褂、头缠头巾，打仗时戴盔穿甲。”②

现代藏族妇女佩戴的绿松石、天珠、红珊瑚等头饰

相传，吐蕃时期的天珠成了人们身份的象征，天珠不再是普通意义上的宝石。吐蕃一等官员都梦想拥有一尊天珠或多尊天珠，以显示

①② 廖东凡著：《藏地风俗》，中国藏学出版社2008年版，第4页、第5页。

现代藏族妇女佩戴的天然天珠、绿松石及蜜蜡饰物

藏族妇女佩戴天然天珠、绿松石、红珊瑚项链

自己尊贵的身份。这使得天珠一时洛阳纸贵，身价倍增。由于开采技术和加工技术落后，有天然图腾的亚玛瑙数量有限，开采工艺落后，开采难度大，或打磨后的图腾不尽人意，一时不能满足当时吐蕃官员的需求，松赞干布遂下令制造人工镶蚀天珠。在没有明显图腾的亚玛瑙（九眼石页岩）上，制造出像天然天珠一样的图腾，用以满足一等官员们的需求。

现代的藏人依然延续了吐蕃时期佩戴天珠、绿松石、红珊瑚的习俗。

综上所述，无论传说中的古象雄人工镶蚀天珠，还是古印度阿利安人的人工镶蚀天珠，现今都没有发现传承。吐蕃王朝时期，有天然天珠，也制造过人工镶蚀天珠。吐蕃松赞干布时期明确规定一等官员佩戴天珠，后来朗达玛灭佛，吐蕃王朝灭亡。随着这个时代的结束，

西藏萨迦寺大殿人工镶蚀天珠与绿松石组成的卍字

西藏萨迦寺中间一天然天珠与四人工镶蚀天珠组成的太阳

吐蕃古代人工镶蚀古董天珠，不再受宠，随之退出历史舞台。所以这种古代人工镶蚀古董天珠流传下来的甚少。

4. 现代人工镶蚀天珠

（1）现代人工镶蚀天珠：属于广义的人工镶蚀天珠，这类天珠是在20世纪80年代以后，台湾地区开始制造，并陆续销往大陆。用来制作这类天珠的材料多为巴西、乌拉圭、马达加斯加等地的玛瑙以及玻璃、树脂、陶瓷等材料。后来，这类天珠中国大陆也开始制造，货源充足，类型繁多，各地珠宝（天珠）场均有销售。

刻痕玛瑙

（2）现代人工镶蚀天珠制作过程：天珠制造商购买玛瑙原石后，先利用打磨机将切割后的玛瑙磨成柱状天珠的形状，再用刀刻出天珠上的纹路，打磨完成后浸在化学药剂里，浸泡过化学药剂的玛瑙天珠，放入高温烤箱后，加热变色，加热过程中不断探视加温情况。染剂经过高温，让原本灰白色的玛瑙呈现黑色（或其它颜色），用刀片刻过的线条，则维持白色（或其它颜色）。

把玛瑙打磨成柱状天珠

刻画上佛教图腾

（3）现代人工镶蚀天珠的化学制

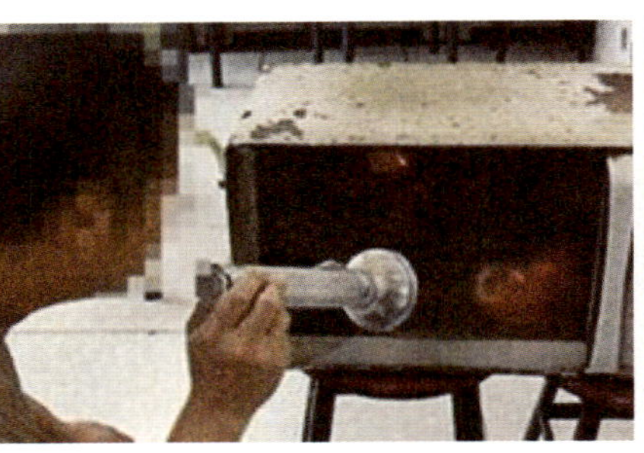
泡色后放入高温烤箱

批量生产的现代人工镶蚀天珠

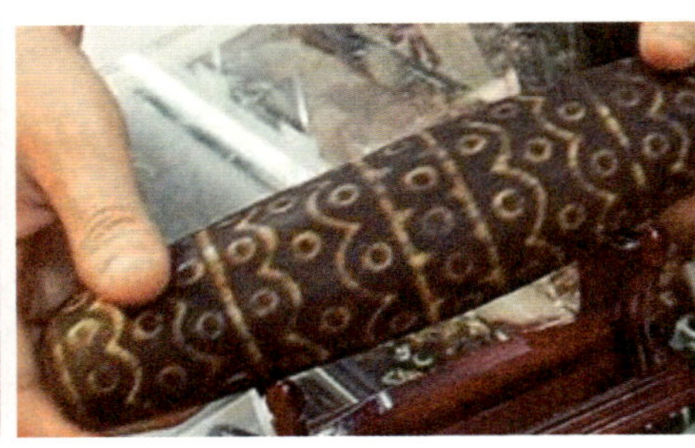
特大现代人工镶蚀天珠

作方法：氢氧化钠、硫酸铝钾、硫酸铅和玛瑙化学反应，做出瓷白线图腾。

现代人工镶蚀天珠做旧的化学药剂：盐酸、氢氟酸。

现代人工镶蚀天珠做瓷白线之前泡色：

泡红色（天珠底色）：氯化亚铁一遍；硝酸钠二遍。

泡黑色（天珠底色）：氯化钴和硫氰酸铵混合一遍。

三、按年代分类

1. 古代老天珠

1840年鸦片战争以前打磨或生产的天珠，叫古代老天珠。可分为古代天然天珠和古代人工镶蚀天珠（简称古代人工天珠）两类。

2. 近代老天珠

从1840年鸦片战争到1919年五四运动期间打磨或生产的天珠，叫近代老天珠。可分为近代天然天珠和近代人工镶蚀天珠。这类天珠与古代老天珠合称老天珠。

3. 新天珠

也叫现代天珠，指1919年五四运动之后打磨或生产的天珠，可分为现代天然天珠和现代人工镶蚀天珠（简称现代人工天珠）两类。

四、按宗教仪式分类

1. 开光天珠

经过开光加持过的天珠。

2. 非开光天珠

未经开光加持过的天珠。

3. 火供天珠

经历过火供仪式的天珠。

4. 供珠

佛寺经年供奉的天珠。

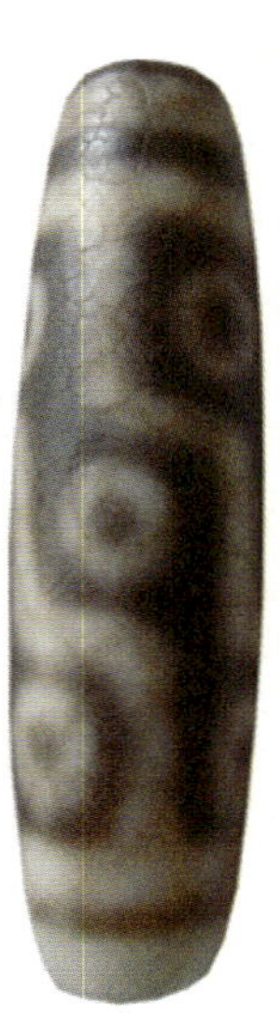

火供天珠

第五章　影响天珠价值的因素

影响天珠经济价值的因素有很多，主要有七种。

1. 产地

产地不同，天珠的价值不同。青藏高原出产的天珠比其它地方出产的价值相对高。

人工制作相对完美的一线药师天珠

青藏料、内蒙古料、辽宁料、云南料、四川料、广东料、台湾料、北京料、山东料、河北料、云南料、黑龙江料以及巴西料、马达加斯加料、乌拉圭料等料子，制作的天珠价值也不一样。

2. 材料与质地

材料与质地不同，天珠的价值不同。

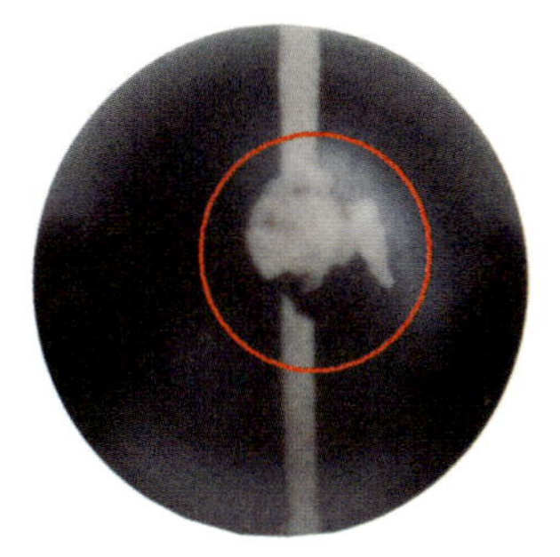

人工制作有瑕疵的一线药师天珠

玛瑙天珠的价值高于普通石头、塑料、树脂、陶瓷、泥巴、木头等材料制作的天珠。但也不全是这样，如果其它材料制作的天珠年代久远，经年供奉，制作考究，工艺精湛，色泽美丽，图腾完美，器形完美，也会价值不菲。

天珠和佛像性质一样，只是制作材料不同而价值不同。黄金、塑料、陶瓷、树脂、泥土、木头制作的佛像都是真的佛像，天珠亦是如此。

3. 工艺

制造工艺与打磨工艺影响着天珠的经济价值。外表光滑温润、图腾完美的天珠价值较高，反之，价值会下降。

4. 开光与火供

开光的寺庙、开光的僧人影响着天珠的价值；同一尊天珠，未开光和开光的价值不相同。同一尊天珠，经过火供和没经过火供的价值不同。

5. 图腾

图腾不同，天珠的价值不同。图腾相对完美、罕见的天珠价值高。

天珠收藏界最为青睐的图腾是佛像、人物、佛眼、动物（鸟类）、属相、法器、日月星、山水、树木、花草等。

图腾完美的天然飞天天珠（陶克摄影）

图腾完美的天然一眼天珠

6. 器形

器形的完美与否影响着天珠的经济价值。器形完美的天珠价值高，反之，价值会下降。

器形相对完美的天然天珠

器形有瑕疵的天然天珠

7. 年代

产出年代不同，天珠的价值不同。经年香火供奉的天珠价值较高，年代愈久价值愈高。

当然，有些天珠图腾完美罕见，虽然年代较近，但也价值不菲。

另外，还有其它因素也会影响天珠的价值，比如收藏者的身份、地位、名声、名气、信仰、诚信度等因素，再如天珠本身的知名度也影响天珠的价值。天珠的数量也影响着天珠的价值，同类图腾天珠的数量越多，天珠价值会相对低些；同类图腾天珠的数量少，甚至独一无二，其价值就相对高些。总之，影响天珠价值的因素还有很多，这里不再一一介绍。

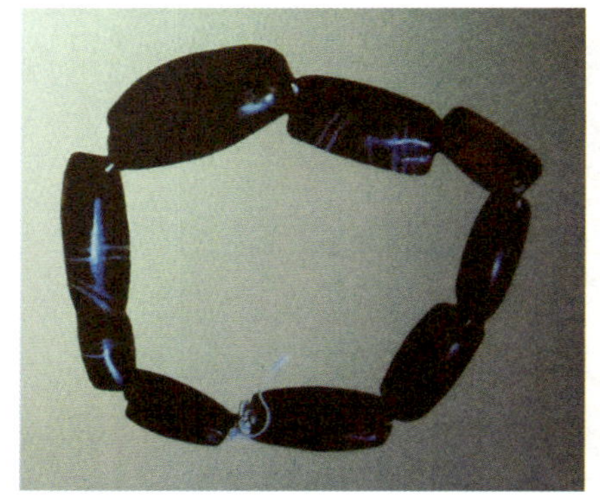

法门寺出土的天然天珠（田加腾摄影）

桑耶寺大殿佛塔上镶嵌的人工镶蚀天珠曼荼罗（邱荆義摄影）

第六章　天珠的图腾寓意

天珠的图腾是指天珠珠身上面的神灵或佛教的标志与吉祥图案，图腾来自印度神话的神灵，佛教神话的神灵，苯教神话的神灵，也有汉族神话的神灵，还有中国传统文化的吉祥图案。许多吉祥图案汇集成了天珠的吉祥图腾，如佛的眼睛、脚足（佛迹）、佛菩萨像及佛教里的法器金刚杵、莲花等，再如天神里面的龙、蛇、鸟等，十二属相图案也是人们崇拜的图腾，人们把这些传说中的神灵作为天珠的图腾加以崇拜供养，以求吉祥与庇佑。

天珠的图腾有两大类，一类是佛“眼睛”；另一类是佛教图腾与吉祥图腾。不同的天珠及图腾有不同的吉祥寓意。

一、一眼天珠

指珠身上面天然形成或人工镶蚀了一尊佛眼睛的天珠。

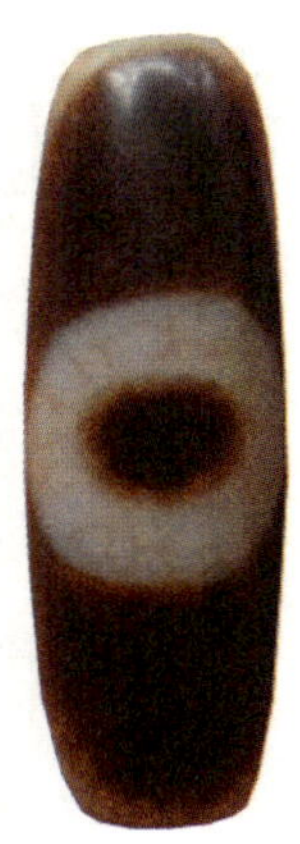

人工镶蚀一眼天珠

天然一眼天珠（秦德燕摄影）

天然一眼天珠（刘志霞收藏）
（秦德燕摄影）

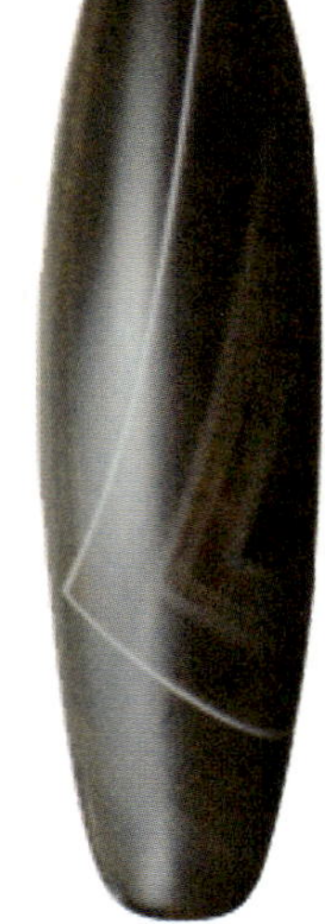

天然一眼天珠（田加腾收藏）

天然一眼天珠（刘声元收藏）

天然一眼天珠手链（郭超函收藏）

天然一眼天珠，尺寸：22cm × 16cm × 3cm，眼睛图腾尺寸：5.8cm × 4.9cm

天然一眼天珠（刘红收藏）

天然一眼天珠

天然一眼天珠

天然一眼天珠（刘声元收藏）

三尊天然一眼天珠（李辰洁摄影）

天然一眼天珠（刘刚收藏）

天然一眼天珠

天然一眼天珠“海上生明月”，尺寸：24.8cm × 20.6cm × 4.6cm

天然一眼天珠

一对天然一眼天珠（秦德燕摄影）

天然佛光一眼天珠（李辰洁摄影）

天然一眼天珠（陶克摄影）

天然一眼（荆玉英摄影）

天然一眼天珠

天然一眼天珠（刘刚收藏）

一眼天珠象征着一心向佛，一心向善，一步登天，一定成功，一心一意，诚信可靠，积德行善，好运连连，吉祥平安，健康长寿，一家幸福，万物相生，心想事成。

一串珠子上面有一尊佛眼睛的天珠，寓意同一眼天珠。

二、二眼天珠与二线天珠

珠身上面天然形成或人工镶蚀了两尊佛眼睛的天珠叫二眼天珠。

珠身上面天然形成或人工镶蚀了两道圆线的天珠叫二线天珠。

天然二眼天珠（秦德燕摄影）

天然二眼天珠

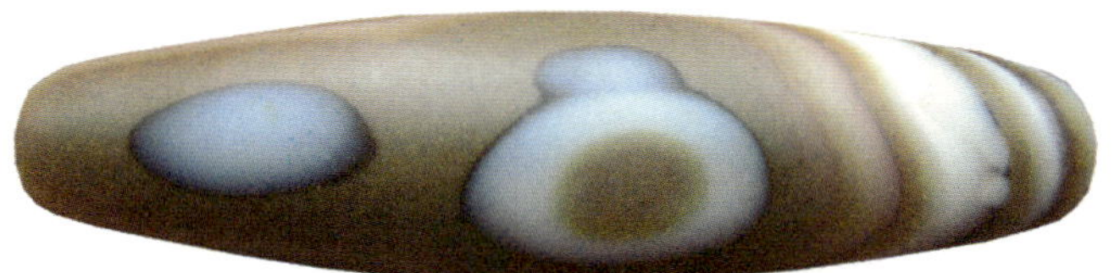

天然阴阳二眼天珠（其中一眼为弥勒佛形状）

人工镶蚀二眼天珠

天然二线天珠

天然二眼官帽如意头天珠

人工雕刻二眼天珠

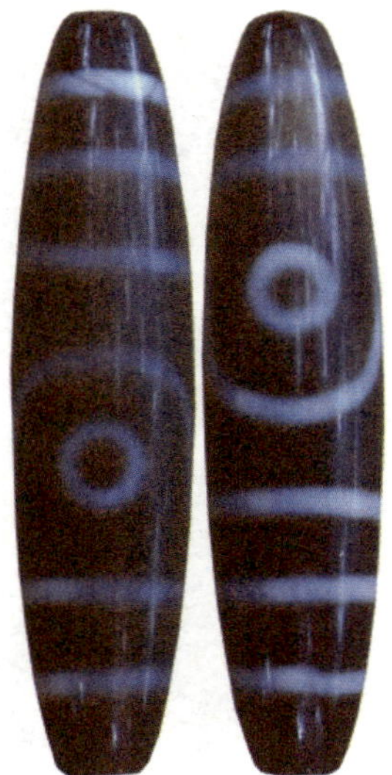

人工镶蚀二眼天珠

人工镶蚀二眼天珠

二眼天珠象征着人际关系顺畅，化干戈为玉帛，福慧两足，万物相生，团结协作，和谐共赢，渊源共生，夫妻和谐，感情细腻，交桃花运，家庭美满，聚集财富。

一串珠子上有两尊佛眼睛或二线天珠，寓意同二眼天珠。

天然二线阴阳天珠

三、三眼天珠与三线天珠

珠身上面天然形成或人工镶蚀了三尊佛眼睛的天珠叫三眼天珠。

珠身上面天然形成或人工镶蚀了三道圆线的天珠叫三线天珠。

人工镶蚀三线天珠

天然三线天珠

天然三眼天珠（王文婷摄影）

天然三眼天珠（刘红收藏）

人工镶蚀三眼天珠

人工蚀刻三眼天珠（田加腾收藏）

人工镶蚀三眼天珠（岳占海收藏，李辰洁摄影）

人工雕刻三眼天珠

人工镶蚀三眼天珠

天然三眼天珠

三眼天珠象征着和谐团圆，富贵吉祥，繁荣发展，福禄寿齐聚，健康幸福，事业成功，爱情美满。

一串珠子上有三尊佛眼睛或者三线天珠，寓意同三眼天珠。

四、四眼天珠与四线天珠

珠身上面天然形成或人工镶蚀了四尊佛眼睛的天珠叫四眼天珠。

珠身上面天然形成或人工镶蚀了四道圆线的天珠叫四线天珠。

人工镶蚀四眼天珠

人工镶蚀四线天珠

天然四线天珠

人工镶蚀四眼天珠

四眼天珠象征着四世同堂，四季平安，四季吉祥，四季发财，四季健康。

一串珠子上有四尊佛眼睛或四线天珠，其寓意同四眼天珠。

五、五眼天珠与五线天珠

珠身上面天然形成或人工镶蚀了五尊佛眼睛的天珠叫五眼天珠。

珠身上面天然形成或人工镶蚀了五道圆线的天珠叫五线天珠。

人工镶蚀五眼天珠（郭蓉摄影）

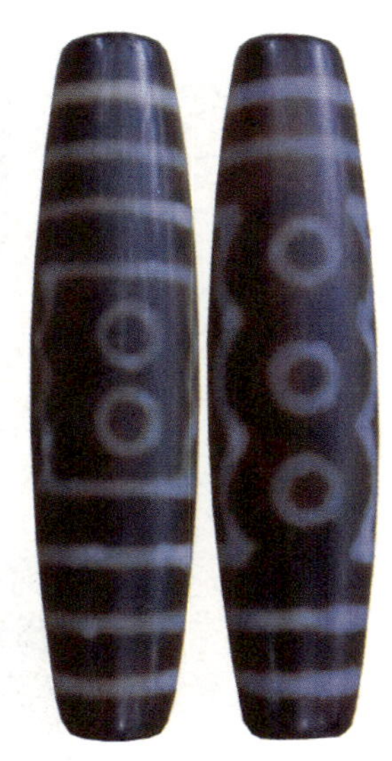

人工镶蚀五眼天珠

五眼天珠象征着五福临门，五方发财，五方平安，五方顺利，人体五脏及身体健康。

一串珠子上有五尊佛眼睛或五线天珠，其寓意同五眼天珠。

六、六眼天珠与六线天珠

珠身上面天然形成或人工镶蚀了六尊佛眼睛的天珠叫六眼天珠。

珠身上面天然形成或人工镶蚀了六道圆线的天珠叫六线天珠。

人工镶蚀六眼天珠

人工镶蚀六眼天珠

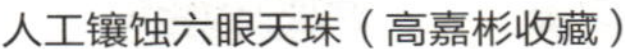

人工镶蚀六眼天珠（高嘉彬收藏）

天然六线天珠（赵颜收藏）

六眼天珠象征着顺心顺意，顺风顺水，吉祥平安，顺利升职，顺利加薪。一串珠子上有六尊佛眼睛或六线天珠，其寓意同六眼天珠。

七、七眼天珠与七线天珠

珠身上面天然形成或人工镶蚀了七尊佛眼睛的天珠叫七眼天珠。

珠身上面天然形成或人工镶蚀了七道圆线的天珠叫七线天珠。

天然七眼天珠（赵京桥收藏）

人工镶蚀七眼天珠

人工镶蚀七线天珠

人工镶蚀七眼天珠（刘宁波收藏）

天然七眼天珠（王克新收藏）

人工镶蚀七眼天珠（陶克摄影）

人工镶蚀七眼天珠

人工镶蚀七眼天珠（岳占海收藏，李辰洁摄影）

七眼天珠象征着升起、高升，也象征着吉祥如意，家庭美满，幸福安康，积聚财富，爱情甜蜜，男帅女丽。

一串珠子上有七尊佛眼睛或七线天珠，寓意同七眼天珠。

八、八眼天珠与八线天珠

珠身上面天然形成或人工镶蚀了八尊佛眼睛的天珠叫八眼天珠。

珠身上面天然形成或人工镶蚀了八道圆线的天珠叫八线天珠。

人工镶蚀八眼天珠

八眼天珠象征着八方平安，八方发财，八方顺畅；也象征着八大菩萨护佑吉祥，八大吉祥（八吉祥、吉祥八宝、八瑞祥物）随护左右，获八正道，健康好运。

一串珠子上有八尊佛眼睛或八线天珠，寓意同八眼天珠。

九、九眼天珠与九线天珠

珠身上面天然形成或人工镶蚀了九尊佛眼睛的天珠叫九眼天珠。

珠身上面天然形成或人工镶蚀了九道圆线的天珠叫九线天珠。

天然九眼天珠，尺寸：27cm × 28cm × 2cm

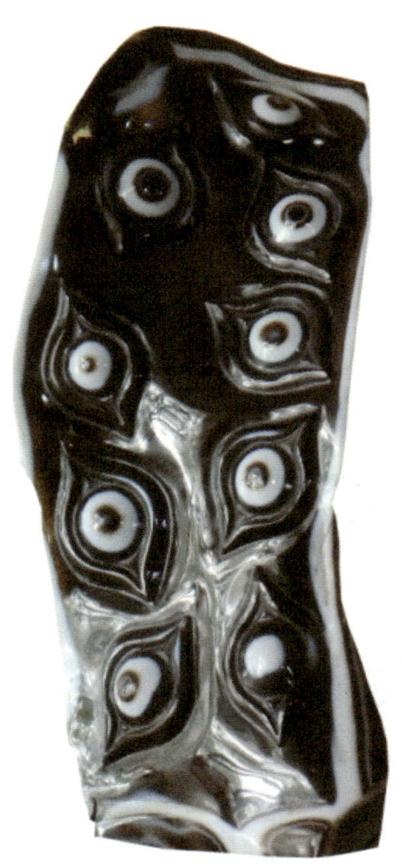

天然九眼天珠，尺寸：27cm × 28cm × 2cm

天然九眼天珠，尺寸：21cm × 19cm × 7cm

天然九眼天珠，尺寸：16cm × 15cm × 3cm

天然极品九眼天珠

天然九眼天珠（王克新收藏）

天然九眼天珠（王克新收藏）

人工镶蚀九眼天珠
（岳占海收藏，李辰洁摄影）

人工镶蚀九眼天珠

人工镶蚀九眼天珠

人工镶蚀九眼天珠

人工镶蚀九眼天珠（邱荆義摄影）

九眼天珠象征着地位显赫，至尊高贵，福慧增长，一切圆满，事业成功，爱情甜蜜，家庭和睦，聚集财富，平安吉祥，健康长寿。

一串珠子上有九尊佛眼睛或九线天珠，寓意同九眼天珠。

十、十眼天珠与十线天珠

珠身上面天然形成或人工镶蚀了十尊佛眼睛的天珠叫十眼天珠。

珠身上面天然形成或人工镶蚀了十道圆线的天珠叫十线天珠。

济南福慧寺十眼摩尼宝珠壁画
（周健、贾磊、于翠霞绘画）

五台山菩萨顶十相自在

人工镶蚀十眼天珠

人工镶蚀十眼天珠（刘宁波收藏）

十眼天珠象征着十全十美，圆满吉祥，和谐团结，一切顺畅，十相自在，家庭幸福。

一串珠子上有十尊佛眼睛或十线天珠，寓意同十眼天珠。

十一、十一眼天珠与十一线天珠

珠身上面天然形成或人工镶蚀了十一尊佛眼睛的天珠叫十一眼天珠。

珠身上面天然形成或人工镶蚀了十一道圆线的天珠叫十一线天珠。

十一眼天珠既有一眼天珠的寓意，又有十眼天珠的寓意，象征着十一面观音护佑吉祥，一心向佛，积德行善，好运连绵，吉祥平安，健康长寿，十全十美，圆满吉祥，和谐团结，一切顺畅。

一串珠子上有十一尊佛眼睛或十一线天珠，其寓意同十一眼天珠。

人工镶蚀十一眼天珠（岳占海收藏，李辰洁摄影）

人工镶蚀十一眼天珠（邱荆義摄影）

十二、十二眼天珠与十二线天珠

珠身上面天然形成或人工镶蚀了十二尊佛眼睛的天珠叫十二眼天珠。珠身上面天然形成或人工镶蚀了十二道圆线的天珠叫十二线天珠。

人工镶蚀十二眼天珠

人工镶蚀十二眼天珠

十二眼天珠既有二眼天珠的寓意，又有十眼天珠的寓意。十二眼天珠象征着有利于改善人际关系，化干戈为玉帛，使人与人之间的关系越来越顺畅，福慧两足，万物相生，团结协作，和谐共赢，渊源共生，十全十美，圆满吉祥，和谐平安，聚集财富。

一串珠子上有十二尊佛眼睛或十二线天珠，其寓意同十二眼天珠。

十三、十三眼天珠与十三线天珠

珠身上面天然形成或人工镶蚀了十三尊佛眼睛的天珠叫十三眼天珠。

珠身上面天然形成或人工镶蚀了十三道圆线的天珠叫十三线天珠。

十三是佛教的吉祥数字之一，藏传佛教的佛塔上有十三相轮，十三眼天珠的每一尊佛眼睛代表一个相轮。

十三眼天珠象征着经历了十三个修行过程到达彼岸，象征着吉祥美满，万事如意，积聚财富，家庭幸福，升职加薪，事业成功，健康长寿。

一串珠子上有十三尊佛眼睛或十三线天珠，寓意同十三眼天珠。

甘肃张掖马蹄寺三十三天石窟十三相轮喇嘛白塔

北京颐和园佛塔上端的十三相轮

十四、十四眼天珠与十四线天珠

珠身上面天然形成或人工镶蚀了十四尊佛眼睛的天珠叫十四眼天珠。

珠身上面天然形成或人工镶蚀了十四道圆线的天珠叫十四线天珠。

天然十四眼天珠（孙翠玲收藏）

十四眼天珠象征着十四圣人保平安，十四星主护佑吉祥，吉祥平安，万事如意，招财进宝，智慧增长，事业有成，家庭美满，爱情甜蜜，健康长寿。

一串珠子上有十四尊佛眼睛或十四线天珠，寓意同十四眼天珠。

人工镶蚀十四眼天珠

十五、十五眼天珠与十五线天珠

珠身上面天然形成或人工镶蚀了十五尊佛眼睛的天珠叫十五眼天珠。

珠身上面天然形成或人工镶蚀了十五道圆线的天珠叫十五线天珠。

人工镶蚀十五眼天珠（陶克摄影）

人工镶蚀十五眼天珠（尹连浩收藏）

人工镶蚀十五眼天珠

十五眼天珠象征着七佛八菩萨护佑吉祥，象征着人丁兴旺，事业顺利，家庭幸福，财富聚集，健康长寿，升职加薪，长长久久。

一串珠子上有十五尊佛眼睛或十五线天珠，其寓意同十五眼天珠。

十六、十六眼天珠与十六线天珠

珠身上面天然形成或人工镶蚀了十六尊佛眼睛的天珠叫十六眼天珠。

珠身上面天然形成或人工镶蚀了十六道圆线的天珠叫十六线天珠。

十六眼天珠象征着事事顺利，丰衣足食，无忧无虑，顺畅无阻，招财进宝，升职加薪。

一串珠子上有十六尊佛眼睛或十六线天珠，寓意同十六眼天珠。

十七、十七眼天珠与十七线天珠

珠身上面天然形成或人工镶蚀了十七尊佛眼睛的天珠叫十七眼天珠。

珠身上面天然形成或人工镶蚀了十七道圆线的天珠叫十七线天珠。

十七眼天珠象征着升职加薪，吉祥平安，健康长寿，招财聚财。

一串珠子上有十七尊佛眼睛或十七线天珠，其寓意同十七眼天珠。

十八、十八眼天珠与十八线天珠

珠身上面天然形成或人工镶蚀了十八尊佛眼睛的天珠叫十八眼天珠。

珠身上面天然形成或人工镶蚀了十八道圆线的天珠叫十八线天珠。

十八眼天珠寓意十全十美，八方平安，处处顺利，事事如意，转好运，发大财，做大官，长长久久，好事连连。

一串珠子上有十八尊佛眼睛或十八线天珠，其寓意与十八眼天珠相同。

人工镶蚀十八眼天珠

十九、十九眼天珠与十九线天珠

珠身上面天然形成或人工镶蚀了十九尊佛眼睛的天珠叫十九眼天珠。

珠身上面天然形成或人工镶蚀了十九道圆线的天珠叫十九线天珠。

十九眼天珠寓意十相自在，松鹤延年，尊贵健康，子孙聪慧，伴侣优秀，家庭和睦，丰产丰收。

一串珠子上有十九尊佛眼睛或十九线天珠，寓意同十九眼天珠。

二十、二十眼天珠与二十线天珠

珠身上面天然形成或人工镶蚀了二十尊佛眼睛的天珠叫二十眼天珠。

珠身上面天然形成或人工镶蚀了二十道圆线的天珠叫二十线天珠。

二十眼天珠象征着桃花运，感情细腻，人缘好，负责任，有担当，吉祥顺利，健康长寿，聚集财富，家庭美满。

一串珠子上有二十尊佛眼睛或二十线天珠，其寓意同二十眼天珠。

二十一、二十一眼天珠与二十一线天珠

二十一眼天珠也叫绿度母天珠，指珠身上面天然形成或人工镶蚀了二十一尊佛眼睛的天珠。

珠身上面天然形成或人工镶蚀了二十一道圆线的天珠叫二十一线天珠。

绿天珠–绿度母天珠（郭蓉收藏）

二十一度母唐卡，中间为绿度母

人工镶蚀二十一眼天珠（邱荆羲摄影）

二十一眼天珠象征着生生不息，健康长寿，家庭温馨，夫妻和睦，平安幸福，顺风顺水，子女优秀，无忧无虑。

一串珠子上有二十一尊佛眼睛或二十一线天珠，寓意同二十一眼天珠。

随着人工天珠制造技术的不断发展，现今在一个珠身上面已经能镶蚀制造出更多的佛眼睛，人工多眼天珠不断出炉，新的图腾也会不断制造出来。天然九眼石经过球形切割和打磨，有时也有天然多眼天珠出现，也会有新的图腾出现，只是数量稀少而已。

人工镶蚀二十一眼天珠（陶克摄影）

二十二、四季豆天珠

指珠身上面天然形成或人工镶蚀了一个佛豆或几个佛豆形状图腾的天珠。

四季豆天珠寓意为四季平安，四季发财，四季吉祥，四季健康，福气满满，果实累累，多子多福，家庭兴旺。三个豆子的寓意是三元连中，福禄寿齐到；两个豆子的寓意是母子平安、夫妻和睦，妇女在怀孕期间佩戴两个豆子的天珠寓意母子平安，饱含着吉祥和福气。

天然四季豆天珠

二十三、金刚天珠

指珠身上面天然形成或人工镶蚀了金刚杵（铃）形状图腾的天珠。

金刚天珠象征着能除一切恶、祸、魔、邪，能带来一切好运，天珠、佛眼、佛三位一体，吉祥如意，家庭幸福，健康长寿，招财聚财，爱情美满。

人工镶蚀金刚天珠

人工镶蚀金刚天珠

天然金刚天珠

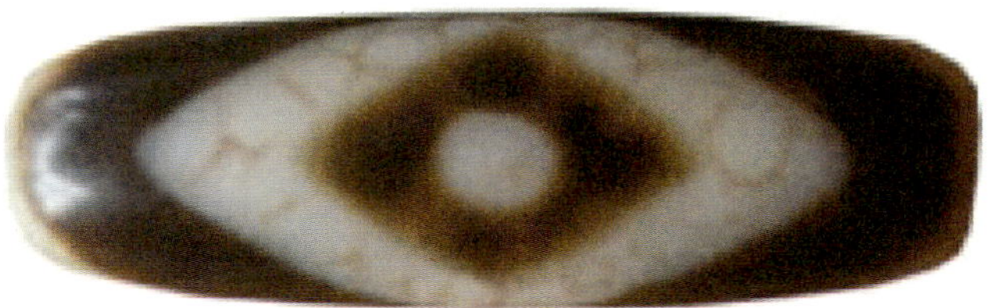

人工镶蚀金刚眼天珠

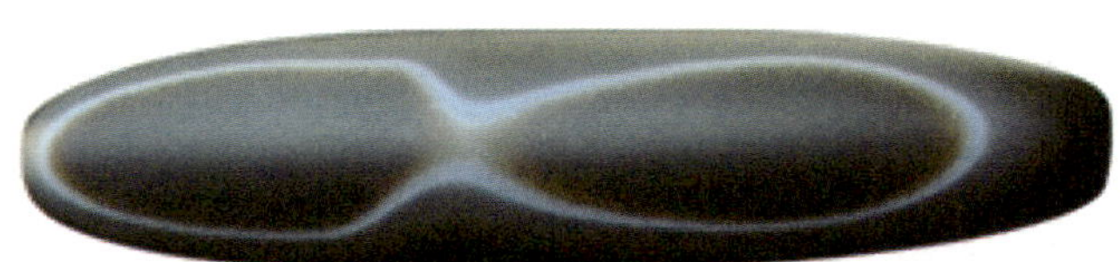

天然金刚天珠（秦德燕摄影）

人工镶蚀金刚杵天珠

铜质金刚杵

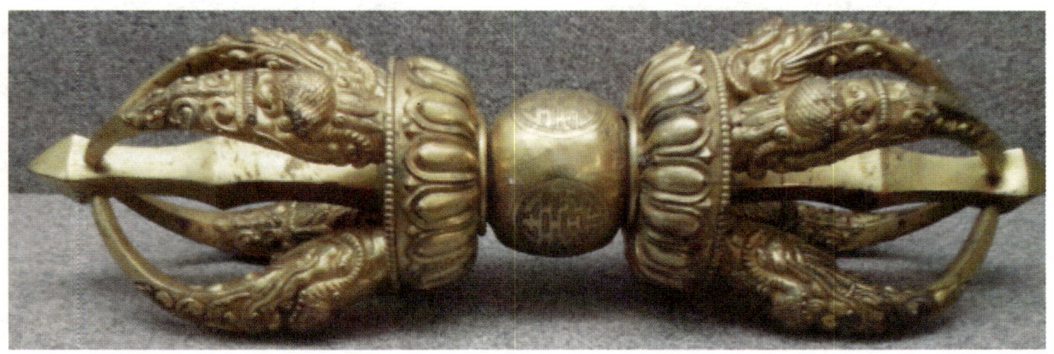

西藏博物馆铜鎏金金刚杵文物

二十四、吉祥旋（卍）天珠

指珠身上面天然形成或者人工镶蚀了一个或多个卍字形状图腾的天珠，也叫卍字天珠、吉祥喜旋天珠、吉祥海云天珠等。

吉祥旋又叫卍字，卍的读音在唐武则天时期，由武则天定为读“万”音，为“万德吉祥”之意。吉祥旋也叫万字、吉祥喜旋、吉祥海云等，是佛教的九大标志或象征之一。

天然卍字天珠

西藏扎什伦布寺白色宝石铺成的右旋卍

西藏扎什伦布寺白色宝石铺成的左旋卐

卍象征着吉祥福瑞，卍字符是上古时期许多部落的一种符咒，也是佛教、印度教和苯教的标志。卍字代表着佛教的精进与智慧，旋转的法轮是一个卍字，代表着三昧的境界，即专于一境，福慧双至。

卍旋转即成法轮，旋转的法轮就成了吉祥喜旋。

卍是旋转的十字金刚杵，代表着坚不可摧，也代表着可摧破一切魔障。故十字金刚杵、卍、法轮旋转后都为吉祥喜旋，四位一体，形成宇宙旋。

法轮即旋转的卍，扎什伦布寺法轮

卍即旋转的十字金刚杵，摄于扎什伦布寺

拉萨罗琳酒店旋转的法轮即吉祥旋卍

西藏桑耶寺大殿旋转的法轮即吉祥旋卍

拉萨火车站吉祥旋迎客画（邱荆義摄影）

甘肃博物馆仰韶文化陶器上的吉祥旋（陶克摄影）

北京故宫嘉量上的卍字与祥云（陶克摄影）

卍字在佛教中有右旋与左旋的争议，卍字右旋是其像风车一样顺时针旋转，卍字左旋是其像风车一样逆时针旋转，右旋——卍，左旋——卐。虽然多数记载是右旋的，但是佛教也用左旋的卐字。而20世纪20-40年代希特勒把左旋的斜角形的卐字，作为纳粹的标志，此后佛教就一直在用右旋的卍字。

北京故宫吉祥旋（郄爱萍摄影）

总之，卍字在佛教中，不论右旋还是左旋，都是吉祥之意，表征佛的智慧与慈悲是无限的，吉祥喜旋天珠表示佛的力量无限运作，向西方极乐世界无限延伸，随时随地救度十方世界无量的众生。右旋卍和左旋卐都有吉祥如意、好运常在、法轮常转、幸福安康之意。

吉祥旋（卍）天珠象征着吉祥如意，发家致富，干事顺利，发展发达，招财聚财，幸福安康，龟龄鹤算，家庭幸福，交桃花运。

吉林敦化正觉寺天蓬莲花内的卍字（荆玉英摄影）

北京颐和园房檐下柱头上的卍字（郄爱萍摄影）

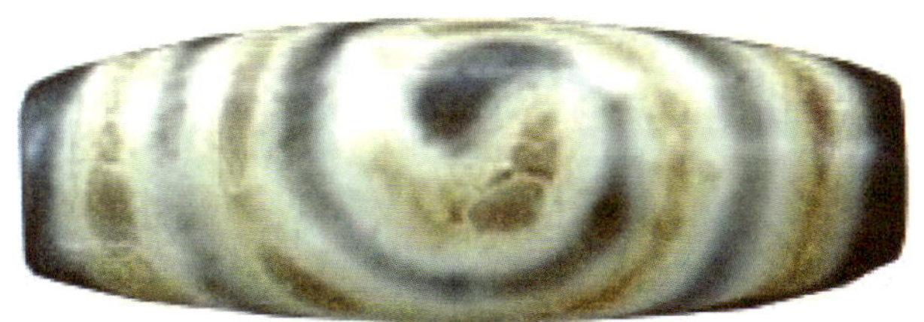

人工镶蚀吉祥旋（卍）天珠

人工镶蚀卍字天珠

人工镶蚀一眼卍字天珠（岳占海收藏，李辰洁摄影）

二十五、佛灯天珠

珠身上面天然形成或人工镶蚀了灯芯状、佛光状图腾的天珠叫佛灯天珠，也叫佛光天珠、长明灯天珠、圣火天珠、灯芯（心）天珠、圣灯天珠、供灯天珠、佛前灯天珠、神灯天珠、灯光天珠、灯盛天珠等。

天然佛灯天珠

天然佛灯天珠

天然佛灯天珠（战英收藏）

天然佛灯天珠（李广军收藏）

天然佛灯天珠

天然佛灯天珠

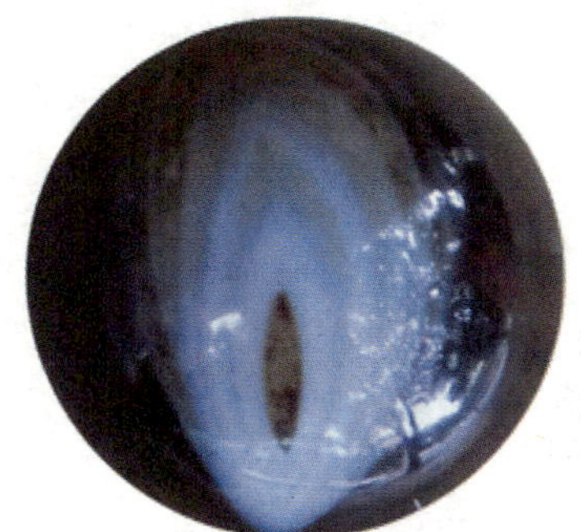
天然佛灯天珠

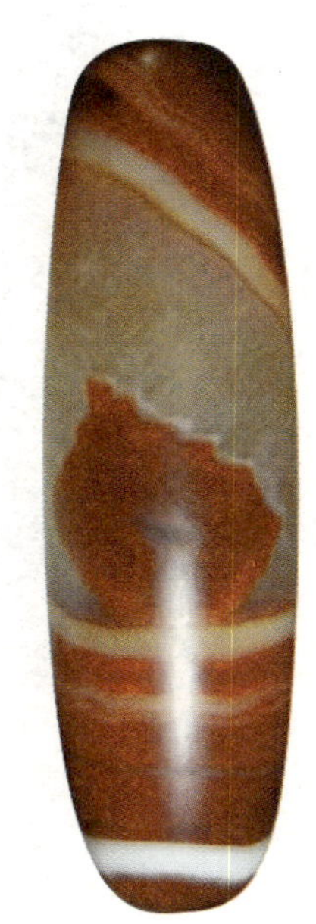

天然佛灯观音天珠

天然佛灯天珠

天然佛灯天珠

天然佛灯天珠（刘声元收藏）

天然佛灯天珠（车向前收藏）

佛灯天珠象征着光明无量，寿命无量，幸福无量，前途无量，财富无量，一切顺利，心舒体健，家庭幸福，光明普照，事业顺利，升职加薪，地位稳固，受人尊重，阴阳调和。

二十六、佛足天珠与知足天珠

珠身上面天然形成或人工镶蚀了佛脚形状图腾的天珠叫佛足天珠。

珠身上面天然形成或人工镶蚀了蜘蛛形状图腾的天珠叫知足天珠。

人工镶蚀知足（蜘蛛）天珠

天然佛足天珠

天然佛足天珠

天然佛足天珠

天然佛足天珠

天然佛足天珠

雕刻天然佛足天珠（陶克摄影）

佛足天珠与知足天珠象征着知足常乐，无忧无虑，前途光明，爱情专一，吉祥平安，招财进宝，生活富足，金银满屋，健康长寿。

二十七、达摩天珠

珠身上面天然形成或人工镶蚀了达摩面壁形状图腾的天珠叫达摩天珠。

达摩面壁图

天然达摩天珠

达摩天珠象征着专注一事成就一事，成功吉祥，健康长寿，祖师护佑到达彼岸，顺水顺风，成绩斐然，事业成功，心情舒畅，家庭和睦，团结和谐，财富聚集。

天然达摩面壁天珠，开口仿唐马蹄口
（曾英杰收藏，秦德燕摄影）

天然达摩天珠

二十八、大人天珠

指珠身上面天然形成或人工镶蚀了“人”形图腾的天珠。

大人天珠象征着三十二相和八十种好，男子英俊，女子美丽，好运气，万事顺心，如愿以偿，家庭幸福，爱情甜蜜，招财聚财，健康长寿。

天然大人天珠（吴桂荣收藏）

人工镶蚀牛角形大人天珠

人工镶蚀大人天珠

二十九、贵人天珠

贵人天珠也叫财神天珠，指珠身上面天然形成或人工镶蚀了财神状“人”形图腾的天珠，贵人天珠与大人天珠的图腾相似，都是人形图腾天珠。

人工镶蚀的双面贵人天珠

人工镶蚀单面贵人天珠（张艾军收藏）

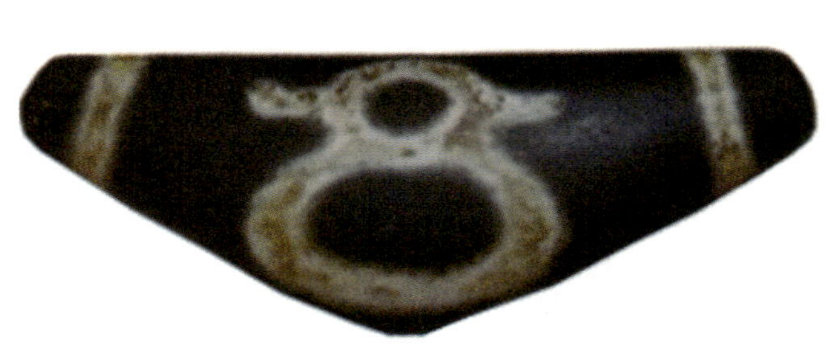

人工牛角状贵人天珠（尹连浩收藏，李辰洁摄影）

天然贵人天珠

贵人天珠象征着贵人相助，干事成功，积累财富，衣食无忧，万事顺利，五路财神保佑吉祥发财，身体健康，心情舒畅，团结协作，蒸蒸日上，家庭幸福。

三十、药师天珠

指珠身上面天然形成或人工镶蚀了一道圆线（白线、彩线）图腾的天珠，是线珠的一种，多为扁豆形、圆球形和短柱形，又称圆线珠。目前也发现天然形成或人工镶蚀了其它颜色线纹的线珠。

天然阴阳一线药师天珠

天然一线药师天珠

天然阴阳一线药师天珠

天然阴阳一线药师天珠

天然一线药师天珠（田加腾收藏）

天然阴阳一线药师天珠（韩文鹏收藏）

人工镶蚀一线药师天珠

天然阴阳一线药师天珠

天然一眼一线药师天珠（田加腾收藏）

天然药师天珠（刘声元收藏）

天然阴阳一线药师天珠

天然一线药师天珠

天然一线药师天珠

天然一线药师天珠

天然一线药师天珠

天然一线药师天珠

天然一线药师天珠

天然一线药师天珠

天然一线药师天珠

天然一线药师天珠

天然一线药师天珠

人工镶蚀一线药师天珠

人工镶蚀一线药师天珠

人工镶蚀一线药师天珠

人工镶蚀一线药师天珠

药师天珠象征着增强体质，祛除病魔，健康长寿，辟邪消灾，吉祥如意，一世亨通，神妙无比，智能无穷，招财进宝，家庭幸福，事业成功。

三十一、日月星天珠

珠身上面天然形成或人工镶蚀了日月星形状图腾的天珠叫日月星天珠。珠身上面天然形成或人工镶蚀了日月形状图腾的天珠叫日月同辉天珠。

日月星天珠是三眼天珠的一种，除了具备三眼天珠的寓意以外，还有日光天珠、月光天珠和妙见天珠送吉祥之意。日月天珠也叫太阳眼天珠、月亮眼天珠或日月眼天珠。

天然旭日东升天珠

天然日月同辉天珠（杨蕴芳摄影）

人工镶蚀日月星天珠

天然日月同辉天珠，尺寸：36.2cm × 39.3cm × 1.3cm（陶克摄影）

天然太阳眼（月亮眼）天珠，尺寸：24.8cm × 20.6cm × 4.6cm

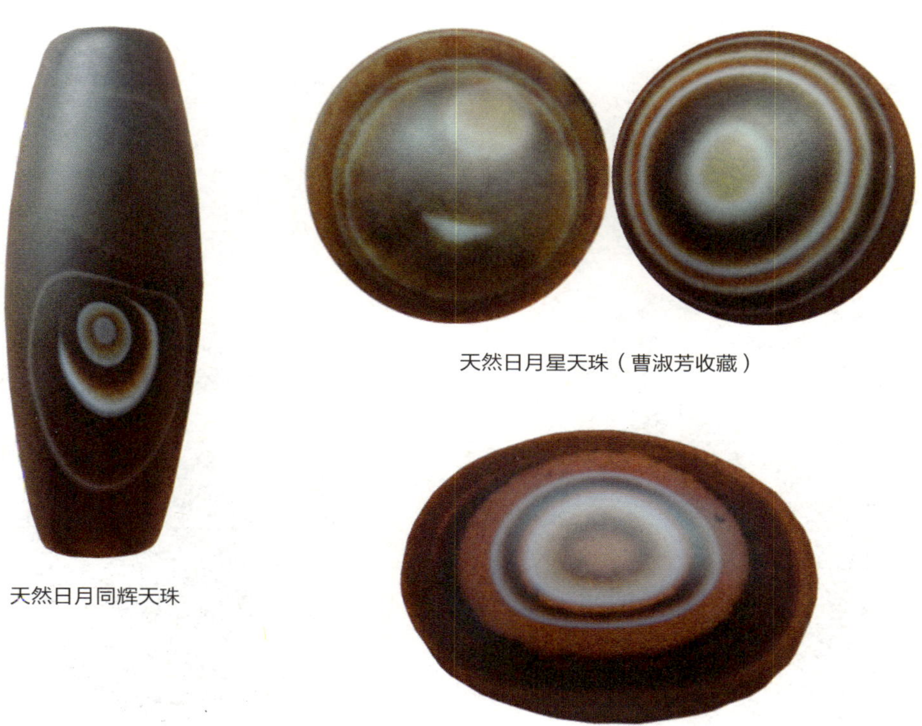

天然日月星天珠（曹淑芳收藏）

天然日月同辉天珠

天然太阳眼天珠

天然太阳眼天珠（韩文鹏收藏）

天然太阳眼天珠（田梦收藏）

天然太阳眼天珠

日月星天珠象征着光明无量，永恒存在，好运长久，健康长寿，财富聚集，家庭和睦。

三十二、佛龛天珠

指珠身上面天然形成或人工镶蚀了佛龛形状图腾的天珠。

佛龛天珠象征着佛祖护佑吉祥，健康长寿，好运常在，福禄寿齐聚，家庭幸福，财富聚集，事业成功，住者有其屋。

西藏桑耶寺佛龛

天然佛龛天珠

天然佛龛天珠（田梦收藏）

天然佛龛天珠（吴桂荣收藏）

人工镶蚀一眼佛龛天珠（岳占海收藏）

天然佛龛天珠（吴桂荣收藏）

天然牛角状佛龛天珠（邱荆義摄影）

三十三、神龟天珠与龟甲天珠

珠身上面天然形成或人工镶蚀了乌龟形状图腾的天珠叫神龟天珠，也叫乌龟天珠。

珠身上面天然形成或人工镶蚀了乌龟甲壳形状图腾的天珠叫龟甲天珠，也叫龟甲长寿天珠。

天然白龟天珠

天然白龟天珠

天然神龟天珠

天然一眼神龟天珠

人工镶蚀龟甲天珠

天然神龟天珠

神龟天珠与龟甲天珠象征着延年益寿，辟邪消灾，智慧无穷，力量无穷，权威尊贵，快乐吉祥，生活富足，无忧无虑。

三十四、菩提天珠

珠身上面天然形成或人工镶蚀了一棵（几棵）菩提树形状图腾、一片（几片）菩提树叶形状图腾的天珠。

菩提树叶

尼泊尔蓝毗尼园菩提树

人工镶蚀一眼菩提天珠

人工镶蚀双面菩提天珠

菩提天珠象征着吉祥如意，消除一切灾障，实现一切善愿，平安吉祥，健康富足，智慧增长。

三十五、天地天珠

珠身上面天然形成或人工镶蚀了圆圈形状图腾和方块形状图腾的天珠。圆圈代表天，方块代表地，有天圆地方之意。

人工镶蚀双天地天珠

人工镶蚀单天地天珠

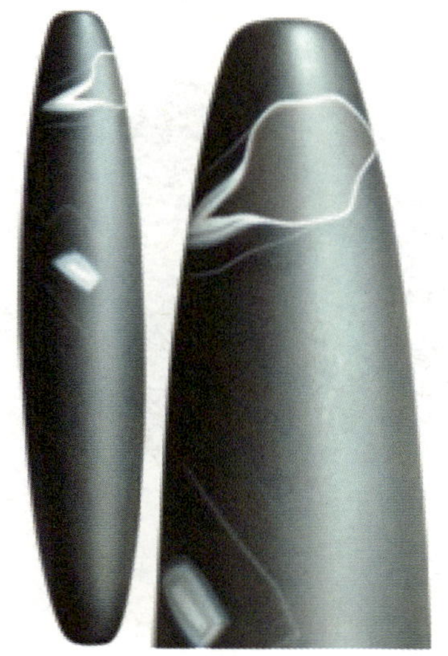
天然天地天珠

人工镶蚀双天地天珠

人工镶蚀天地水纹天珠

天然天地天珠（吴桂荣收藏）

人工镶蚀天地天珠

天然天地天珠

天然形成的天地天珠的图腾，祥云或圆圈代表天，方块代表地，一朵祥云飘在天空中，下面有一方块图腾，寓意天地吉祥。有两个圆圈和两个方块图腾的天珠，叫双天地天珠，这种天珠一般人工镶蚀的较多。

天地天珠象征着天地吉祥，风调雨顺，人寿年丰，天灾不发，人祸没有，一切顺心，阴阳和合，夫妻和睦，团结协作，事业成功，财富聚集。

三十六、金钱钩天珠

指珠身上面天然形成或人工镶蚀了“S”、“反S”或“己”形图腾的天珠。

人工镶蚀金钱钩天珠

人工镶蚀金钱钩天珠

金钱钩天珠象征着财富聚集，招财，善财涌现，正财偏财齐聚，家庭和睦，幸福安康，平安吉祥。

三十七、如意天珠与如意钩天珠

珠身上面天然形成或人工镶蚀了如意（官帽）形状图腾的天珠叫如意天珠，也叫官帽天珠。

珠身上面天然形成或人工镶蚀了如意钩（秤钩）形状图腾的天珠叫如意钩天珠。

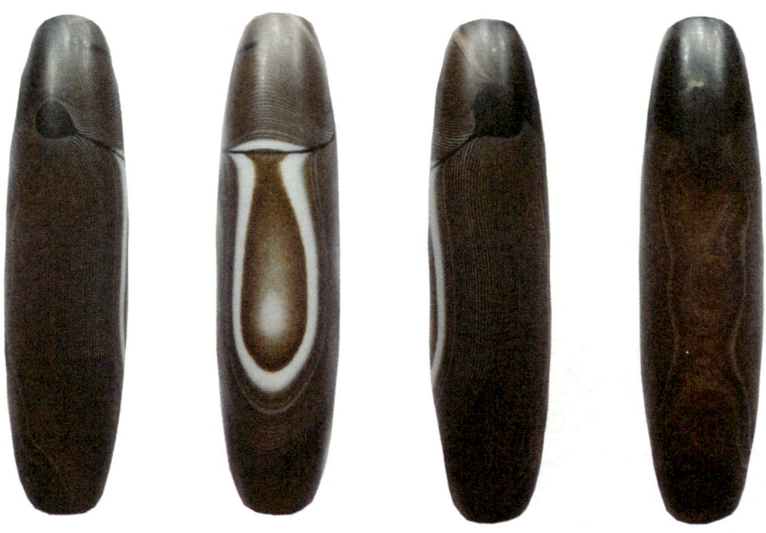

天然双头如意（官帽）天珠（前面宝瓶，后面四季豆）

天然单头如意（灵芝草）天珠（吴桂荣收藏）

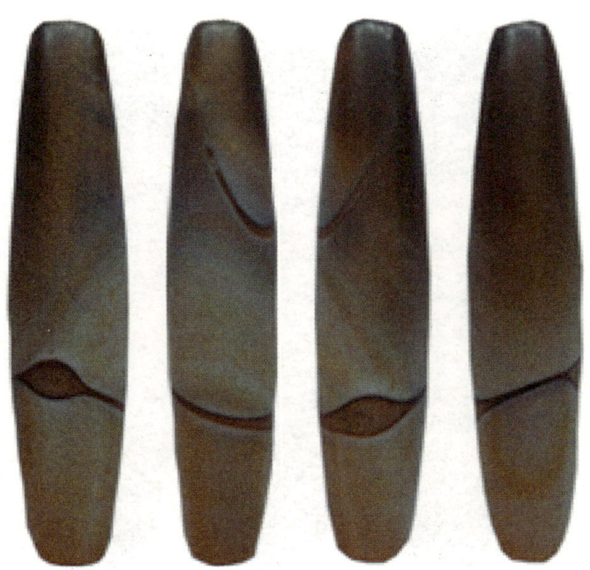

天然双头如意（官帽）天珠

如意钩天珠（矮的为人工镶蚀制作，高的为天然生成）

人工镶蚀如意钩天珠（曹淑芳收藏）

天然双头如意（官帽）天珠（赵颜收藏）

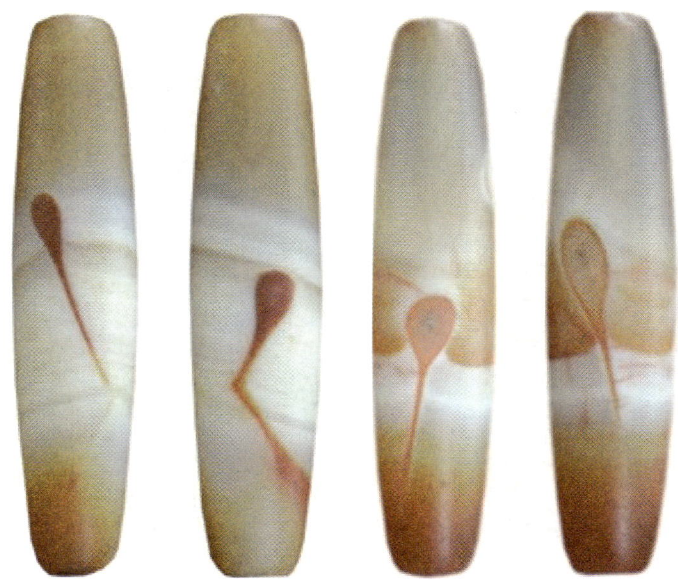

天然单头如意天珠组图

人工镶蚀如意钩天珠

人工镶蚀如意钩天珠

人工镶蚀如意钩天珠

天然如意钩天珠

如意天珠与如意钩天珠象征着万事如意，当官平安，升职加薪，稳如泰山，财富积累，顺心顺意，吉祥健康，家庭和睦。

三十八、金刚橛天珠

指珠身上面天然形成或人工镶蚀了金刚橛形状图腾的天珠。

金刚橛　　天然金刚橛天珠

金刚橛天珠象征着断除无明，智慧增长，吉祥好运，趋吉避凶，消除魔障，发财健康，和谐团圆，家庭和睦，贵人相助，心想事成。

三十九、宝鱼天珠

指珠身上面天然形成或人工镶蚀了鱼形状图腾的天珠。

宝鱼天珠象征着连年有余，吉祥如意，超越解脱，生活富裕，无忧无虑，家庭和睦，夫妻和谐，爱情甜蜜，智慧增长，游刃有余，事业成功。

天然宝鱼天珠

天然宝鱼天珠

天然宝鱼天珠

天然三眼宝鱼天珠（王文婷摄影）

四十、男根天珠

指珠身上面天然形成或人工镶蚀了男根形状图腾的天珠。

男根天珠象征着子孙满堂，源源不断，财富聚集，人财两旺，平安吉祥，健康长寿，生活幸福，无忧无虑，夫妻和谐，爱情甜蜜。

天然男根天珠组图

天然男根天珠

天然男女根合体天珠

四十一、女根天珠

指珠身上面天然形成或人工镶蚀了女根形状图腾的天珠。

天然女根天珠

女根天珠象征着传承相续，生生不息，多子多福，力量无比，智慧增长，慈悲以及女性的能量，财富积累，健康平安，家庭和睦，夫妻和谐。

四十二、神鸟天珠

指珠身上面天然形成或人工镶蚀了鸟形状图腾的天珠。

神鸟天珠象征着鹏程万里，大展宏图，前程似锦，好事连连，吉祥平安，聚集财富，比翼双飞，健康平安。

天然神鸟天珠

天然神鹰天珠，尺寸：15cm × 7cm × 7.6cm（王文婷摄影）

天然神鸟天珠

天然神鸟相望天珠　　天然神鸟天珠　　天然神鸟天珠

四十三、神鼠天珠

神鼠天珠又叫天鼠天珠、玉鼠天珠等，指珠身上面天然形成或人工镶蚀了老鼠形状图腾的天珠。

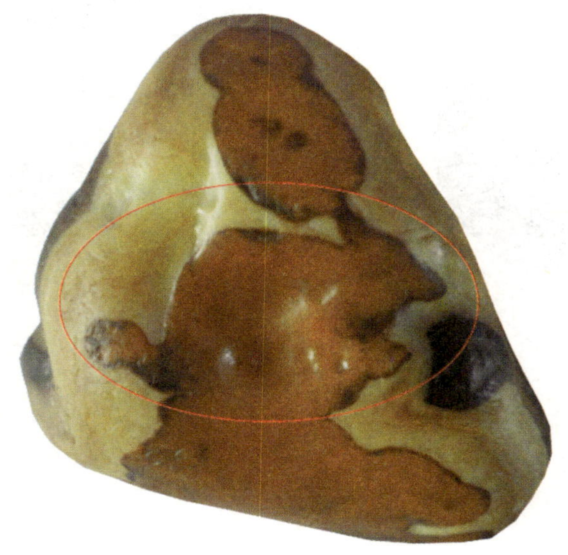

神鼠天珠，尺寸：6.9cm × 7.1cm × 3cm

天然米老鼠天珠

天然神鼠天珠的正面与背面

天然大尾巴神鼠天珠

神鼠天珠象征着聪明，智慧，机灵，仁义，财富，和谐，发达，高升，爱情甜蜜，健康长寿。

四十四、神牛天珠与牛角天珠

神牛天珠也叫牛神天珠，指珠身上面天然形成或人工镶蚀了牛形状图腾的天珠。器形为牛角形状的天珠叫牛角天珠，大部分是人工打磨制作成牛角形状的，天然形成牛角形状的天珠较少。

天然神牛天珠

天然神牛天珠

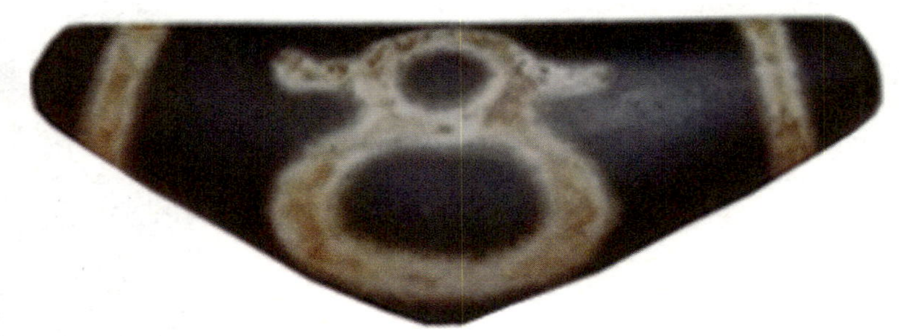

牛角形状的人工镶蚀贵人天珠（尹连浩收藏）

牛角形状的天然佛龛天珠（邱荆義摄影）

牛角形状的天然神鸡天珠

神牛天珠与牛角天珠象征着平安，镇邪，吉祥，神通，权威，勤奋，家庭和睦，夫妻和谐，忠诚可靠，诚信踏实，财富聚集。

四十五、神虎天珠、虎牙天珠与虎纹天珠

神虎天珠指珠身上面天然形成或人工镶蚀了老虎形状图腾的天珠。

虎牙天珠指珠身上面天然形成或人工镶蚀了虎牙形状图腾的天珠。

虎纹天珠指珠身上面天然形成或人工镶蚀了虎纹形状图腾的天珠。

人工镶蚀虎牙天珠（王毅收藏）

人工镶蚀虎牙天珠

天然虎牙天珠（田梦收藏）

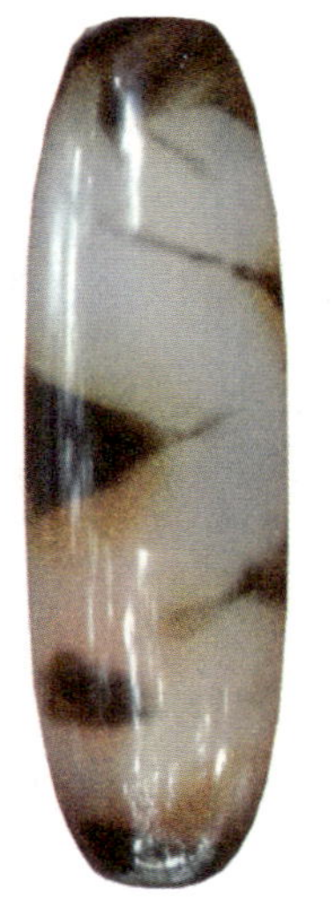

天然虎纹天珠

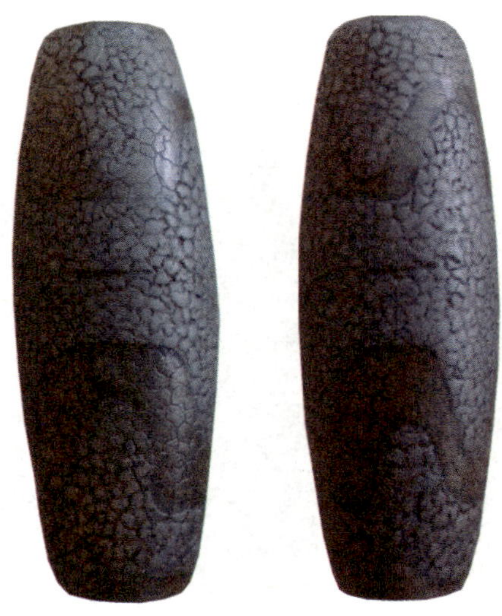

人工雕刻虎牙天珠

神虎天珠、虎牙天珠和虎纹天珠象征着镇邪消灾，虎食鬼魅，吉祥平安，勇敢勇武，招财进宝，仗义，诚信，家庭幸福，生活美满。

四十六、神兔天珠

神兔天珠又叫月兔天珠、玉兔天珠等，指珠身上面天然形成或人工镶蚀了兔子形状图腾的天珠。

天然神兔天珠

神兔天珠象征着健康长寿，聪明机灵，吉祥如意，精进勤奋，吉祥平安，为人忠厚，踏实肯干，家庭和睦，夫妻和谐，财富增长。

四十七、神龙天珠与龙眼天珠

神龙天珠指珠身上面天然形成或人工镶蚀了龙形状图腾的天珠。

龙眼天珠指珠身上面天然形成或人工镶蚀了龙眼形状图腾的天珠，龙眼为三角形。

人工镶蚀神龙天珠（岳占海收藏）

天然龙眼天珠

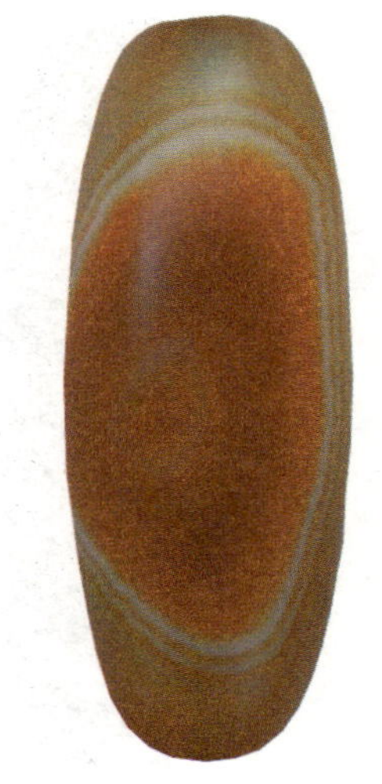
天然龙眼天珠（赵颜收藏）

天然龙眼天珠

天然神龙天珠

天然二龙戏珠天珠

雕刻天然二龙戏珠天珠（邱荆義摄影）

一对天然龙眼天珠（秦德燕收藏）

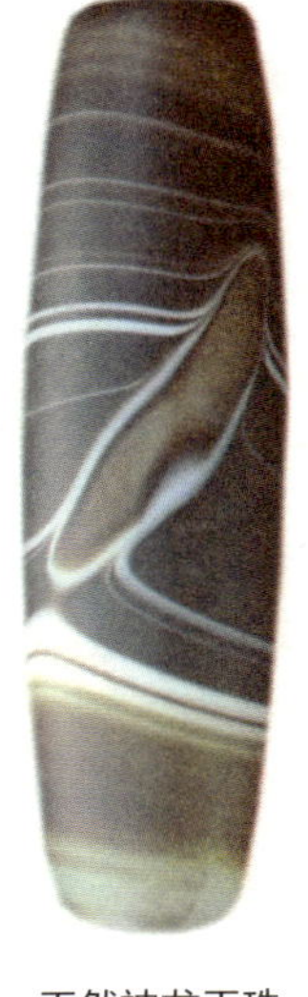

天然神龙天珠

天然龙眼天珠

神龙天珠与龙眼天珠象征着富贵吉祥，权力权威，太平盛世，幸福健康，财富聚集，子孙满堂，人丁兴旺，家庭美满，夫妻和谐，龙凤呈祥，爱情甜蜜。

四十八、神蛇天珠

指珠身上面天然形成或人工镶蚀了蛇形状图腾的天珠。

神蛇天珠象征着权力，财富聚集，子孙满堂，爱情美满，聪明智慧，健康长寿，平安吉祥。

天然神蛇天珠

天然蛇眼天珠（田加腾收藏）

四十九、神马天珠

指珠身上面天然形成或人工镶蚀了马形状图腾的天珠。

神马天珠象征着美好幸福，前程似锦，吉祥成功，和平和谐，家庭和睦，健康长寿，招财进宝。

五十、神羊天珠与羊眼天珠

神羊天珠指珠身上面天然形成或人工镶蚀了羊形状图腾的天珠。

羊眼天珠指珠身上面天然形成或人工镶蚀了羊眼睛形状图腾的天珠，也叫圆板天珠。珠身椭圆、板状，是母天珠的一种，印度人认为羊眼天珠是太阳神苏利耶的眼睛。羊与阳谐音，羊与祥通假，因此，羊眼即太阳眼，羊眼天珠即太阳眼天珠，也叫吉祥眼天珠。

天然太阳（羊）眼天珠（赵颜收藏）

天然神羊天珠

神羊天珠与羊眼天珠（太阳眼天珠）象征着孝顺，吉祥平安，公正无私，阳光普照，福气满满，爱情美满，家庭和睦，财富增长，身体健康。

羊眼天珠的寓意与日月星天珠的部分寓意相同。

五十一、神猴天珠

指珠身上面天然形成或人工镶蚀了猴脸或猴形状图腾的天珠。

神猴天珠象征着聪明智慧，高贵吉祥，聚集财富，长寿平安，生活富足，家庭和谐，事业发展。

天然神猴天珠

天然神猴天珠（秦德燕摄影）

天然神猴天珠

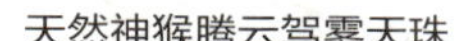

天然神猴腾云驾雾天珠

天然三眼神猴天珠（秦德燕摄影）

五十二、神鸡天珠

神鸡天珠也叫玉鸡天珠、宝鸡天珠、天鸡天珠等，指珠身上面天然形成或人工镶蚀了鸡形状图腾的天珠。

神鸡天珠象征着大吉大利，吉祥如意，驱除晦气，吉祥平安，前途光明，招财进宝，健康平安。

天然神鸡天珠

天然鸡头弥勒天珠

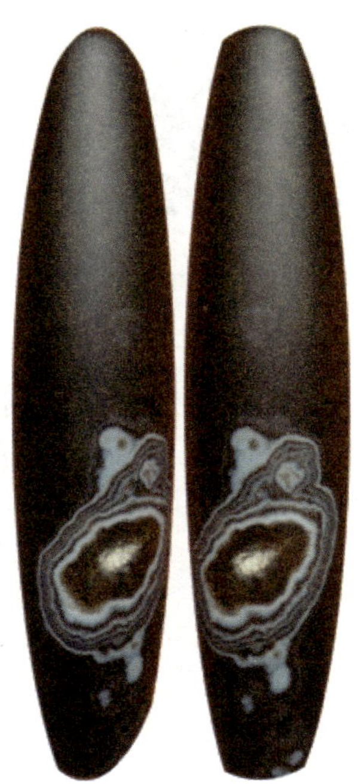

天然神鸡天珠

五十三、神狗天珠

指珠身上面天然形成或人工镶蚀了狗形状图腾的天珠。

天然神狗天珠

天然神狗天珠

神狗天珠象征着孝顺，忠实诚信，夫妻和睦，吉祥圆满，财富聚集，升职加薪，四季平安。

五十四、神猪天珠

指珠身上面天然形成或人工镶蚀了猪形状图腾的天珠。

神猪天珠象征着财富聚集，多子多福，顺心顺意，忠诚可靠，勤奋奉献，平安吉祥，四季如意，身体健康。

五十五、凤眼天珠

指珠身上面天然形成或人工镶蚀了凤凰眼睛形状图腾的天珠。

天然凤眼天珠（邱晨收藏）

天然凤凰（神鸟神鸡）天珠

一对天然龙凤眼天珠

天然凤眼天珠（赵颜收藏）

天然凤眼天珠

天然凤眼天珠

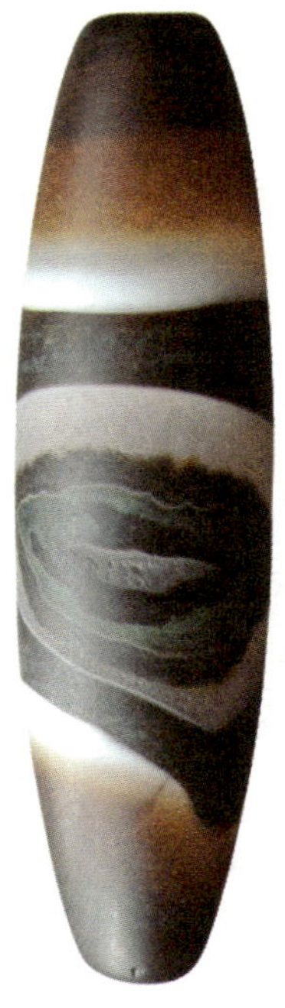
天然凤眼天珠

天然凤眼天珠

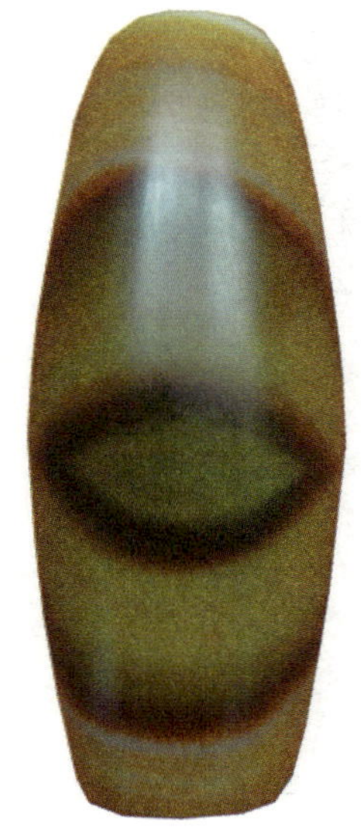

天然凤眼天珠

天然凤眼天珠

天然凤眼天珠

天然凤眼天珠（秦德燕摄影）

天然凤眼天珠

天然凤眼天珠（陈梅收藏）

天然凤眼天珠手链

凤眼天珠象征着天下太平，吉祥如意，家庭和睦，男帅女美，身体健康，富贵平安，爱情甜蜜，龙凤呈祥。

五十六、寿桃天珠

寿桃天珠也叫神桃天珠、仙桃天珠、仙果天珠、佛桃天珠、蟠桃天珠等，指珠身上面天然形成或人工镶蚀了桃子形状图腾的天珠。

天然寿桃天珠（刘志霞收藏）

天然寿桃天珠

天然寿桃天珠

天然寿桃天珠（庄克铠摄影）

寿桃天珠象征着吉祥福瑞，健康长寿，美满幸福，财富不断，子孙满堂，吉祥如意。

五十七、佛陀天珠

指珠身上面天然形成或人工镶蚀了佛陀形状图腾的天珠。

天然佛陀天珠，佛头两边日月同辉

天然佛陀天珠

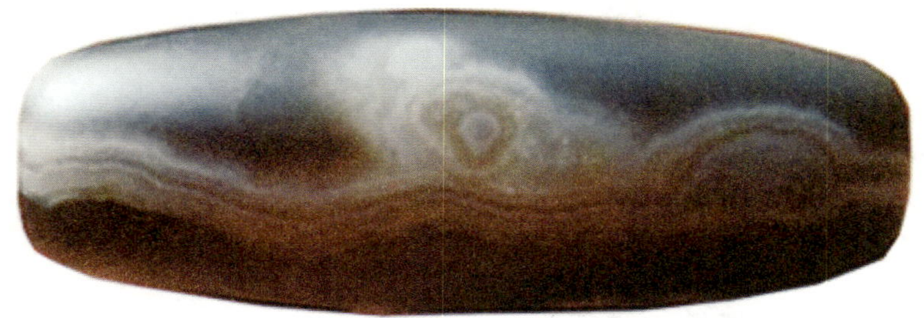

天然涅槃佛天珠

天然佛陀天珠

天然佛陀天珠

人工镶蚀佛陀天珠

人工镶蚀佛陀天珠（岳占海收藏，李辰洁摄影）

天然佛陀天珠（秦德燕收藏）

天然佛陀天珠（陶克收藏）

天然佛陀天珠

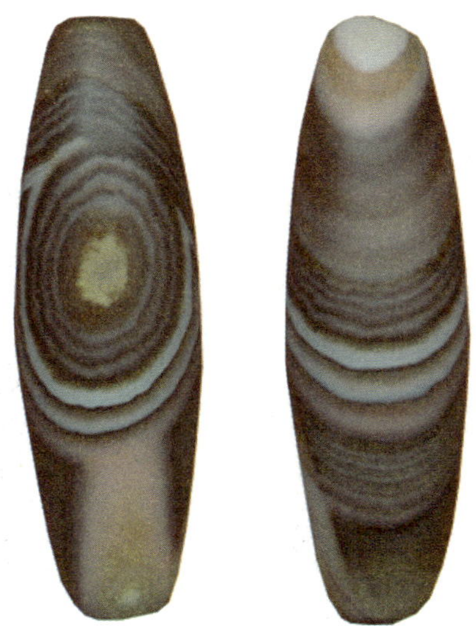

天然黄金佛陀天珠

佛陀天珠象征着智慧增长，开悟吉祥，消灾辟邪，健康长寿，招财升职，学业顺利，事业成功，家庭幸福。

五十八、迦叶天珠

指珠身上面天然形成或人工镶蚀了迦叶形状图腾的天珠。

天然迦叶天珠

迦叶天珠象征着智慧增长，力量，正统，吉祥平安，诚实诚信，值得托付，勇挑重担，发扬光大，财富增长，事业成功。

五十九、观音天珠

指珠身上面天然形成或人工镶蚀了观世音菩萨形状图腾的天珠。

观音天珠象征着吉祥平安，大慈大悲，升职加薪，健康长寿，消灾去恶，子孙满堂，快乐健康，财富增长，家庭幸福。

天然观音天珠，观音天珠上面有一眼，也称一眼观音，十字绣观音像的裙摆与天珠中的裙摆朝同一方向。上面一眼又如同华盖，也叫华盖观音，红色圆圈内有一天然的“禅”字，甚为奇妙。

天然送子观音天珠

天然观音天珠

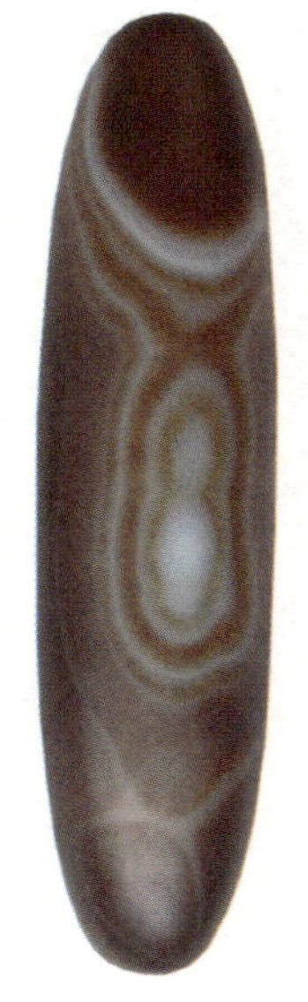

天然金刚观音天珠　　天然观音天珠（赵颜收藏）　　人工镶蚀观音天珠

人工镶蚀观音天珠

天然观音天珠

天然观音天珠（王文婷收藏）

天然观音天珠（曾英杰收藏）

天然一眼观音天珠

天然观音天珠

天然观音天珠

天然送子观音天珠

六十、弥勒佛天珠

珠身上面天然形成或人工镶蚀了弥勒佛（菩萨）形状图腾的天珠叫弥勒佛天珠。

天然弥勒佛天珠

天然弥勒佛天珠

天然弥勒佛天珠

天然弥勒佛天珠

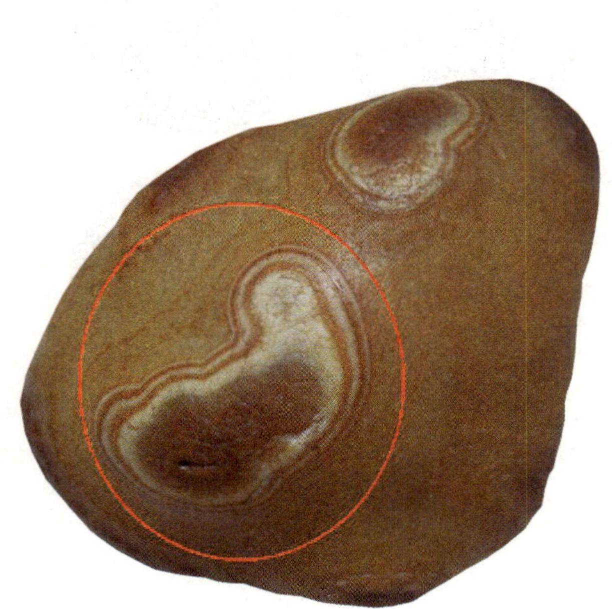
天然弥勒佛天珠

天然弥勒佛天珠（丁芷琪收藏）

天然弥勒佛天珠（田梦收藏）

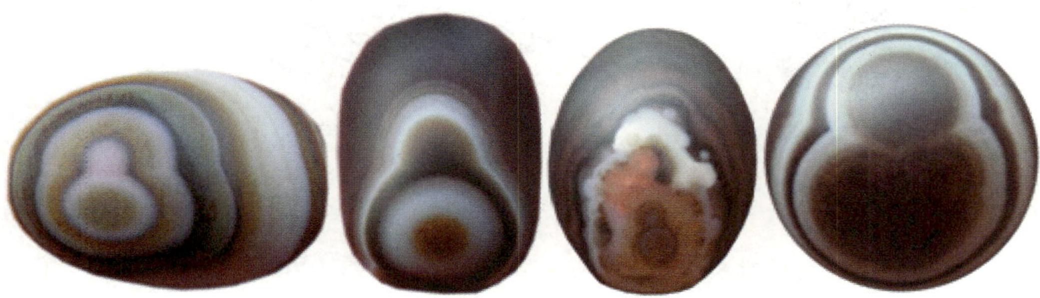
天然弥勒佛天珠

天然弥勒佛天珠

天然鸡头弥勒佛天珠

天然弥勒佛天珠

弥勒佛天珠象征着欢喜，开心，心情舒畅，爱情美好，交桃花运，财富聚集，智慧增长，平安如意，健康长寿，和谐和美。

六十一、经幡天珠

经幡天珠也叫隆达天珠、龙达天珠、风马旗天珠、呢嘛旗天珠、祈祷幡天珠等，指珠身上面天然形成或人工镶蚀了经幡形状图腾的天珠。

经幡天珠象征着吉祥如意，事事顺利，招财进宝，健康长寿，平安吉祥，家庭幸福，事业成功。

经幡

天然经幡天珠（下段截图像佛塔上供奉着一尊佛）

六十二、祥云天珠

指珠身上面天然形成或人工镶蚀了祥云形状图腾的天珠。

祥云天珠象征着高升，吉祥如意，和谐共生，平安消灾，健康美满，美貌俊俏，招财聚财。

唐卡中的祥云

祥云结

2008北京奥运祥云火炬

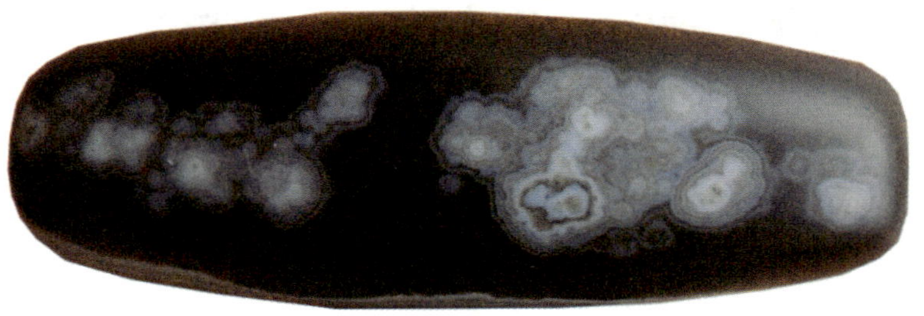

天然祥云天珠

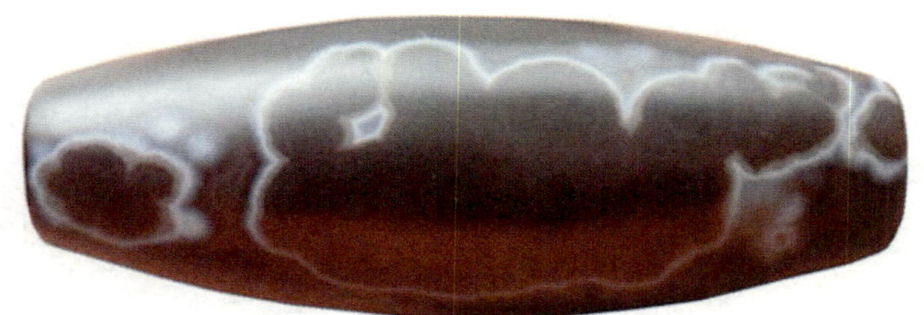

天然祥云天珠

天然祥云天珠

六十三、大山天珠

大山天珠又叫神山天珠、须弥山天珠、一眼大山天珠、喜马拉雅山天珠、大雪山天珠、佛山天珠、大佛山天珠、高山天珠、平顶山天珠等，指珠身上面天然形成或人工镶蚀了山形状图腾的天珠。

大山天珠象征着圣洁伟岸，吉祥如意，高大勇武，财富如山，寿比南山，家庭和睦，山水相依，夫妻和谐。

天然一眼大山（须弥山）天珠，尺寸：高15.6cm，下底直径21cm，上底直径8.9cm；眼睛尺寸：5cm×3cm。（秦德燕摄影）

天然一眼大山天珠

人工镶蚀一眼大山天珠

天然大山天珠

人工雕刻一眼大山天珠

天然大山天珠

六十四、修行洞天珠

指珠身上面天然形成或人工镶蚀了山洞形状图腾的天珠，图腾为山洞里面有一人在修行状。

修行洞天珠也叫石窟天珠、法王洞天珠、松赞干布修行洞天珠、吐蕃赞普修

法王洞天珠原石，洞里面松赞干布在修行，右上角是月亮

行洞天珠、法王修行洞天珠、文成公主修行洞天珠、赤尊公主修行洞天珠、法王禅定宫天珠、曲杰竹普天珠等。“修行洞”是指松赞干布、文成公主与赤尊公主修行的山洞，松赞干布被后人尊称法王，所以也叫法王洞。法王洞也叫法王禅定宫，藏语称为“曲杰竹普”。

修行洞天珠象征着平安吉祥，生活幸福，修行成功，富贵荣华，美满幸福，顺心顺意，心情舒畅，健康长寿。

六十五、宝瓶天珠

指珠身上面天然形成或人工镶蚀了观音宝瓶形状图腾的天珠。宝瓶天珠又叫丰收瓶天珠。

天然宝瓶天珠

人工镶蚀宝瓶天珠（岳占海收藏）

人工镶蚀宝瓶天珠

天然宝瓶天珠

天然宝瓶天珠

宝瓶天珠象征着平安，五谷丰登，健康幸福，寿比南山，节节高升，事业顺利，家庭和睦，同事和谐。

六十六、葫芦天珠

指珠身上面天然形成或人工镶蚀了葫芦形状图腾的天珠。

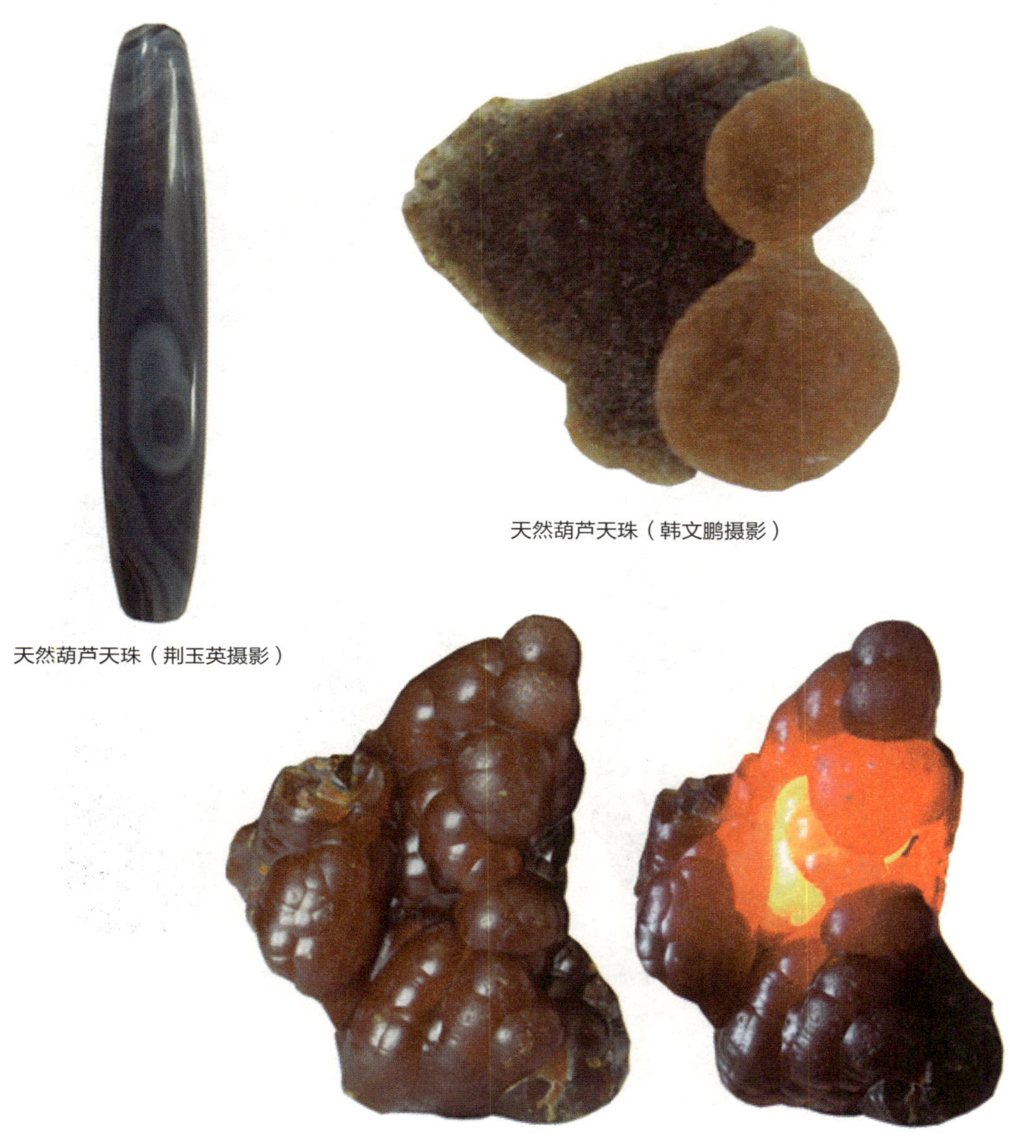

天然葫芦天珠（韩文鹏摄影）

天然葫芦天珠（荆玉英摄影）

天然葫芦天珠打光前与打光后对比图（韩文鹏摄影）

天然葫芦天珠，高12cm，最大周长29cm

天然葫芦天珠，高43cm，最大周长86cm

天然葫芦天珠，高19cm，最大周长39cm

天然葫芦天珠

葫芦天珠象征着美好，辟邪消灾，平安如意，福禄吉祥，多子多福，五福临门，家庭和睦，邻里和谐，财富不断。

六十七、皇帝天珠

指珠身上面天然形成或人工镶蚀了皇帝形状图腾的天珠。

天然皇帝天珠

皇帝天珠象征着地位尊贵，幸福吉祥，事业成功，爱情甜蜜，子孙优秀，财富聚集，大智大勇。

六十八、大熊猫天珠与大熊猫眼天珠

大熊猫天珠是指珠身上面天然形成或人工镶蚀了大熊猫形状图腾的天珠。

大熊猫眼天珠是指珠身上面天然形成或人工镶蚀了大熊猫眼睛形状图腾的天珠。

大熊猫天珠与大熊猫眼天珠象征着珍贵难得，团圆和谐，友谊长久，人缘美好，吉祥平安，健康幸福，家庭美满，财富聚集。

天然大熊猫天珠

天然大熊猫眼天珠

六十九、大圆满天珠

指珠身上面天然形成或人工镶蚀了大圆满形状图腾的天珠。

大圆满天珠象征着吉祥圆满，团结和谐，身体健康，繁荣发展，松鹤延年，家庭和睦，同事团结，积极向上，招财聚财。

天然大圆满天珠（崔齐东收藏）

天然大圆满天珠

七十、大象天珠与象耳天珠

大象天珠指珠身上面天然形成或人工镶蚀了大象形状图腾的天珠。由于“象”与“祥”谐音，所以大象天珠又叫大祥天珠、吉祥天珠等。

象耳天珠指珠身上面天然形成或人工镶蚀了大象耳朵形状图腾的天珠。象耳天珠又叫祥耳天珠等。

大象天珠与象耳天珠象征着勤劳，大力，吉祥，灵性，智慧，招财进宝，健壮平安。

天然大象天珠

天然象耳天珠

七十一、吉祥欢喜县官天珠

指珠身上面天然形成或人工镶蚀了吉祥欢喜县官形状图腾的天珠。

吉祥欢喜县官天珠象征着正义，吉祥，正直，高升，事业发达，繁荣发展，家庭美满，财富聚集。

吉祥欢喜县官

天然吉祥欢喜县官天珠

七十二、莲花天珠与芬陀利华天珠

莲花天珠指珠身上面天然形成或人工镶蚀了莲花形状图腾的天珠。

芬陀利华天珠指珠身上面天然形成或人工镶蚀了白莲花形状图腾的天珠。

莲花油画（贾士彦绘画）

莲花水墨画（贾磊绘画）

莲花天珠与芬陀利华天珠象征着清净吉祥，品质高贵，至清至纯，顺心如意，幸福好运，美妙，发财，俊美，家庭和睦，邻里和谐。

人工镶蚀莲花天珠

人工镶蚀莲花天珠

天然芬陀利华天珠

七十三、佛口天珠

指珠身上面天然形成或人工镶蚀了佛口形状图腾的天珠或整个珠身是佛口形状图腾的天珠。佛口天珠又叫佛嘴天珠、佛语天珠、佛说天珠、金口天珠、经文天珠、佛经天珠等。

佛口天珠象征着金口玉言，安乐幸福，和平和谐，口吐莲花，善语善心，财富聚集，身体健康，家庭幸福。

天然佛口天珠，尺寸：12.6cm×6.8cm×7.8cm（田梦摄影）

天然佛口天珠（田梦摄影）

七十四、海螺天珠

海螺天珠又叫法螺天珠，指珠身上面天然形成或人工镶蚀了海螺形状图腾的天珠或整个珠身为海螺形状图腾的天珠。

市面上的海螺天珠多是用叶菊石等菊石类加工的，也有用砗磲（螺化玉）等加工的。叶菊石质地较粗，杂质较多，颜色多为重色调，用叶菊石加工的海螺天珠市面上常见，市面上常见的叶菊石多产自马达加斯加。玉化砗磲（包括金丝砗磲）质地细腻，玉化程度较高，用有纹路的砗磲加工的天珠是比较上乘的海螺天珠，由于适合加工天珠的砗磲材料较少，市面上鲜见这种天珠，市面上常见的砗磲多产自中国海南，潭门镇是砗磲集散地。

喜马拉雅（青藏高原）海螺化石，一般是黑灰色螺化石，多产自尼泊尔，目前还没有发现喜马拉雅螺化玉。

尼泊尔喜马拉雅海螺化石

用叶菊石加工的天然海螺天珠
（李英收藏、摄影）

尼泊尔喜马拉雅海螺化石

天然海螺天珠，尺寸：8cm × 6.1cm × 5.6cm

哲蚌寺白海螺壁画

天然海螺天珠

五台山黛螺顶五方文殊殿供奉的大螺砗磲

产自马达加斯加的叶菊石

用叶菊石加工的天然海螺天珠（田加腾收藏、摄影）

天然海螺天珠

两尊右旋白海螺，尺寸分别是27cm × 15cm × 11cm和27cm × 14.8cm × 11cm

两尊法轮白海螺，尺寸分别是19.8cm × 17cm × 19.9cm和16cm × 17cm × 19.9cm

海螺天珠象征着和平和谐，团结协作，吉祥护佑，离苦得乐，幸福安康，招财聚财。

七十五、阿弥陀佛天珠

指珠身上面天然形成或人工镶蚀了阿弥陀佛形状图腾的天珠。

天然阿弥陀佛天珠（田加腾摄影）

阿弥陀佛天珠象征着富贵，与人友善，身心清净，没有烦恼，健康长寿，幸福安康，财富聚集，珠宝地，黄金屋。

尼泊尔博卡拉象头神铜像

七十六、双身长寿佛天珠

指珠身上面天然形成或人工镶蚀了双身长寿佛形状图腾的天珠。双身长寿佛天珠也叫双身欢喜佛天珠。

双身长寿佛天珠象征着阴阳平衡，自然和谐，大彻大悟，传承发展，幸福和睦，招财进宝，爱情甜蜜，万物生长，健康长寿。

尼泊尔巴德岗双身长寿佛唐卡

天然双身长寿佛天珠

七十七、金蟾天珠

指珠身上面天然形成或人工镶蚀了金蟾形状图腾的天珠。

金蟾天珠象征着月光普照，清新明媚，财富聚集，招财进宝，多子多福，健康长寿，家庭和睦，同事和谐。

天然金蟾天珠

天然金蟾天珠

天然金蟾天珠

天然金蟾天珠

七十八、法轮天珠

指珠身上面天然形成或人工镶蚀了法轮形状图腾的天珠。

法轮天珠象征着佛教教义圆满，大吉祥，完美无缺，团结协作，幸福安康，事业发达，红红火火，财富增长。

拉萨色拉寺法轮（韩文鹏摄影）

人工镶蚀法轮天珠

天然佛转法轮天珠

吉林敦化六鼎山佛转法轮图腾

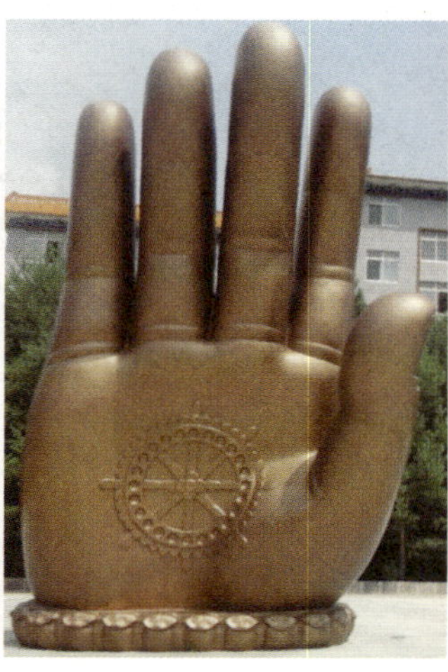

吉林敦化六鼎山佛手转法轮图腾

五台山菩萨顶法轮（郄爱萍摄影）

七十九、鬼王天珠

指珠身上面天然形成或人工镶蚀了鬼王（鬼脸）形状图腾的天珠。鬼王天珠又叫大力鬼王天珠、独角鬼王天珠、无常鬼天珠、无常天珠、黑无常鬼天珠、白无常鬼天珠、阎罗王天珠、阎王天珠、阎摩罗王天珠、阎魔王天珠、鬼脸天珠、骷髅天珠等。

天然鬼王天珠

鬼王天珠象征着乐善好施，公平正义，招财进宝，寿命长久，国泰民安，生活富足，善有善报，恶有恶报，镇宅避邪。

八十、佛塔天珠

指珠身上面天然形成或人工镶蚀了佛塔形状图腾的天珠。

天然佛塔天珠

佛塔天珠象征着大吉祥，作善业、得善报、结善果，平安聚财，节节高升，圆满无缺，无忧无虑，夫妻和睦，爱情甜蜜，好运连连，镇邪去晦。

八十一、摩尼宝珠天珠

指珠身上面天然形成或人工镶蚀了摩尼宝珠形状图腾的天珠或整个珠身是摩尼宝珠形状图腾的天珠。

拉萨八角街六眼摩尼宝珠

西藏罗布林卡三眼摩尼宝珠石刻（韩文鹏摄影）

天然摩尼宝珠天珠

天然摩尼宝珠天珠（陶克摄影）

摩尼宝珠也叫火焰宝石、火焰宝珠、神珠宝、如意宝珠、如意宝、如意珠、摩尼宝、释迦毗楞伽宝、释迦毗楞伽胜摩尼宝、毗楞伽摩尼宝珠、毗楞伽宝、龙珠、天珠、美乐珠、火焰珠等，天珠和美乐珠都是现实中的摩尼宝珠。

摩尼宝珠天珠象征着消灾吉祥，招财进宝，幸福平安，众生如意，事业成功，源远流长，身体健康。

八十二、闪电十字杵五眼天珠

指珠身上面天然形成或人工镶蚀了闪电状和五尊佛眼睛形状图腾的天珠。

闪电代表着光明与迅速，快速远离黑暗和恐怖，带来光明的前程。五眼代表着五福、五方财神，其寓意同五眼天珠。

十字五眼代表十字金刚杵，十字金刚杵的四个杵头分别代表白、黄、红、绿四色，其中白色表示清除疾病、苦难；黄色表示健

西藏罗布林卡十字金刚杵石刻

人工镶蚀闪电十字杵五眼天珠

康长寿、福气多多、财源广进、兴旺发达、学业事业有成、修炼成功和超凡脱俗的智慧；红色表示聚集人神的一切财物和权势；绿色表示斩断修菩提中的各种魔障。此外，十字金刚杵的中心，即两杵的交汇点为圆形，代表蓝色，蓝色表示成就一切事业，吉祥和谐、和平。

闪电十字杵五眼天珠象征着快速致富，快速升职，快速结缘，五方平安，神奇美妙，健康吉祥，处处美满，智慧增长。

八十三、宝阶天珠

宝阶天珠又叫线珠、多线天珠、天梯天珠、宝梯天珠。

一线天珠为药师天珠，二线以上的天珠除了跟相对应眼的天珠寓意相同之外，还有另外的寓意。

1. **宝阶**：也叫天梯，在西藏的许多山上，都会看到梯子形状的白色图腾。白色代表着观世音菩萨，寓意观世音菩萨超度去世的人去天界生活，或者脱离轮回。还有一层意思是期盼活着的人能步步高升，一步登天，吉祥发达。

西藏拉萨哲蚌寺后山上登天的天梯图腾

2. **三道宝阶**：又名三道宝梯、三道天梯等。佛教传说，从须弥山顶的忉利天直通地面的三道阶梯，分别由金、银、琉璃制作而成，故称三道宝阶。

西藏拉萨哲蚌寺后山上三道宝阶图腾

天然四线宝阶天珠

天然六线宝阶天珠

人工镶蚀三线宝阶天珠

天然宝阶天珠

宁夏固原须弥山宝阶（陶克摄影）

西藏哲蚌寺后山宝阶

人工镶蚀四线牛角宝阶天珠

人工镶蚀三线宝阶天珠

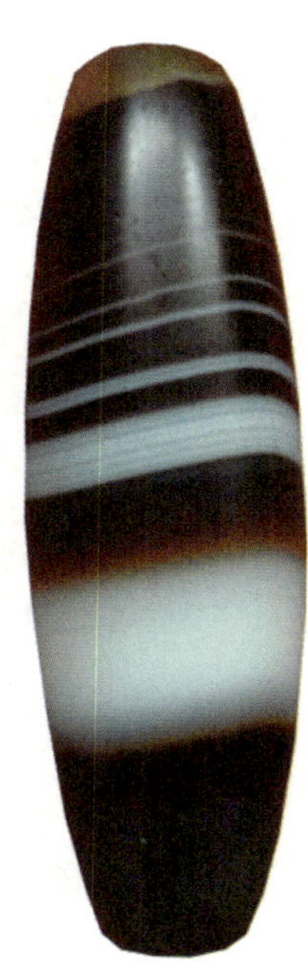
天然宝阶天珠

天然宝阶天珠（李辰洁摄影）

天然宝阶天珠

宝阶天珠象征着高升聚财，财源之阶，成功之阶，高升之阶，爱情之阶，平安之阶，长寿之阶，健康之阶，学业事业之阶。

八十四、水纹天珠与水滴天珠

水纹天珠是指珠身上面天然形成或人工镶蚀了水纹形状图腾的天珠。

水滴天珠是指珠身上面天然形成或人工镶蚀了水滴形状图腾的天珠。

水纹天珠与水滴天珠象征着财富延绵，财源广进，健康长寿，生命之源，源远流长，事业学业进步，吉祥如意。

天然水纹天珠

人工镶蚀马蹄口水纹天珠

天然水纹天珠

天然水滴天珠

八十五、麒麟眼天珠

指珠身上面天然形成或人工镶蚀了类似麒麟眼睛形状图腾的天珠。传统认为麒麟眼为四角眼。

麒麟眼天珠象征着祥瑞，智慧增长，健康长寿，子孙满堂，福气满满，事业发展，财富聚集，和睦和谐。

麒麟眼菩提子（韩文鹏摄影）

天然麒麟眼天珠（田加腾摄影）

平遥文庙麒麟（荆玉英摄影）

元宝麒麟（荆玉英摄影）

八十六、阴阳天珠

珠身上面一半深色，一半浅色，中间没线，这样的天珠叫阴阳天珠。阴阳天珠有天然形成和人工镶蚀之分。

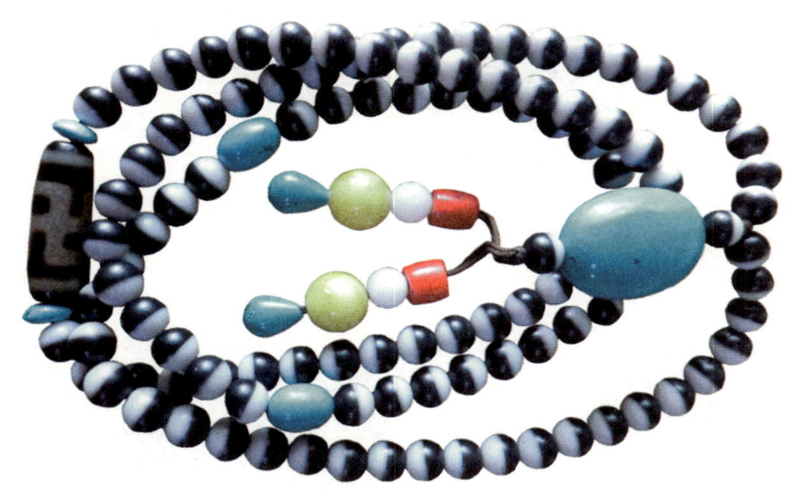

天然阴阳天珠与人工镶蚀卍字天珠

阴阳天珠象征着阴阳合，万物生，生命延续，繁荣发展，和谐和善，财源广进，身体健康，家庭温馨，夫妻和合，爱情甜蜜。

八十七、元宝天珠

指珠身上面天然形成或人工镶蚀了元宝形状图腾的天珠。

元宝天珠象征着财富聚集，生活富足，无忧无虑，健康长寿，顺心顺意，家庭尊贵，事业学业顺利，爱情甜蜜。

天然金元宝天珠

天然银元宝天珠

天然元宝大山天珠

八十八、火供天珠

将天珠放入火中做供养，未燃尽的天珠称为火供天珠，是火供圣物的一种。

火供天珠象征着希望与重生，健康长寿，财富增长，智慧增长，好运连连，和平和谐，团结协作，成功吉祥，步步高升，源远流长。

尼泊尔加德满都火供仪式

天然云上如来（观音）火供天珠

人工镶蚀火供天珠

人工镶蚀火供天珠

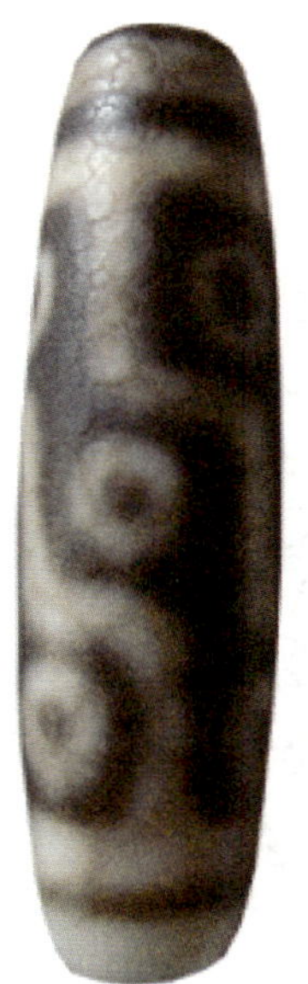

人工镶蚀火供天珠

人工雕刻火供天珠

人工镶蚀火供天珠

八十九、飞天天珠

指珠身上面天然形成或人工镶蚀了飞天形状图腾的天珠。

飞天天珠象征着职位高升，舞蹈天赋，音乐天赋，艺术人才，快乐吉祥，聚集财富，健康平安，夫妻和谐。

天然飞天天珠

九十、佛陀头盖骨舍利天珠

指珠身上面天然形成或人工镶蚀了佛陀头盖骨舍利形状图腾的天珠。

佛陀头盖骨舍利

天然佛陀头盖骨舍利天珠

佛陀头盖骨舍利天珠象征着智慧的结晶，修行圆满成功，家庭幸福美满，生活富足，财富增长，健康长寿，平安吉祥，爱情长久，知足常乐，衣食无忧，好运常在。

九十一、横财天珠

指珠身上面天然形成或人工镶蚀了螃蟹钳子形状图腾或螃蟹形状图腾的天珠。

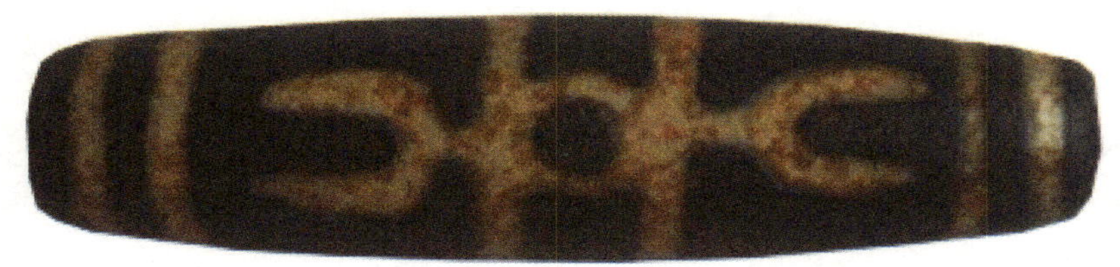

人工镶蚀横财天珠（邱荆義摄影）

横财天珠象征着发意外之财，发大财，发横财，快速致富，正财偏财齐聚，家庭美满，事业学业进步，身体健康，生活富足，后代成才。

后　记

历经八年的艰苦努力，《解密天珠》一书终于出版了。

在本书的编写过程中，各地僧俗朋友对编者给予了大力支持。

尼泊尔斯瓦扬布寺的金巴活佛于2015年4月18日为本书题词："天珠保佑　吉祥好运"。旺扎活佛于2015年4月18日为本书题词："天珠保佑　平安吉祥"。

西藏萨迦寺堪布土登嘉措于2014年4月10日为本书题词："天珠保佑　扎西德勒"。

西藏哲蚌寺巴旦法师于2014年4月9日为本书题词："天珠保佑　吉祥"。

西藏帕邦喀索纳顿珠法师为本书题词："心想事成　扎西德勒"。

西藏大昭寺经师旦巴准萨于2015年4月7日为本书题词："扎西德勒　天珠保佑"。

在成书的过程中，李广军先生对书稿进行了全方位修改，从书稿的谋篇布局、体例结构，再到章节内容、字体字号，给予了大量帮助和指导。在此给予特别感谢。

崔齐东、刘东杰、陆炎、齐飞、车向前、李冬冬、陶克、赵京桥、韩文鹏、田加腾、田梦、高太明、黄聿希、石宏斌、孙红旗、史玉荣、史志强、益西落珠、达瓦、旦曾、晋美、刘德军、多布杰、苏新军、宋学红、马桂兰、桑姆、杨洪超、李和岷、李卫东、九江才、刘桂花、朴良君、邱荆義、牟晓滨、庄克宇、庄克铠、赵欣、张越、张银、邱承岭、孙侠、时亮、尚成武、刘声元、赵颜、王文婷、秦德燕、吴桂荣、刘志霞、张鹏、荆玉英、刘彤、徐红艳、曹淑芳、杨蕴芳、刘铮、郭蓉、宋红红、陈梅、任月英、陈巧慧、黄秀丽、郑茜茜、孙翠玲、邱承江、石子珈、孙红、朱宁、贾士彦、于翠霞、郄爱萍、贾磊、李刚、孙建国、耿宝金、陈靖宾、王浩、郝桂尧、冯少华、刘伦清、花平宁、董广超、董文宗、王革新、刘宁波、谢允玲、董启巨、和缘、演安、尼玛次仁、琼布、邹小森、邱风荣、张源、雷岩、丰宗祯、尹逊祯、张霆、庄宙明、扈啸、陈艳敏、李文阁、战英、吴海燕、李辰洁、张琴、徐英淦、李英、荆宏江、陈秀华、荆宏云、单业龙、荆宏卫、孙春艳、方媛媛、杜海英、王春荣、邱昌松、傅宏英、范金鑫、李子淦、张英姿、邱慎俭、王克芬、荆锡宝、宋莉、邹逸、孙玉青、周玲玲、殷会丽、曾英杰、张洪、张红、王秀洪、李晓晨、张凤晓、刘穗华、毕晖霞、姜树新、邱承山、蔡庆林、董庆温、孙启英、宋德成、高兆胜、张德贵、商德印、邱慎贤、李倩、邱晨、任晓策、郑崇德、孙丽美、王孔林、张建、张梅英、陈明锐、张秀梅、仁昌、觉照、张国勇、魏丽娟、吴际兰、陶秀芝、张凤玉、袁军花、张可欣雨、梁茂卿、李新波、王萌、方正、张长科、刘峰、王勇、邱永学、梁丽、马慧英、金现荣、李颖、鲁珊珊、杨秀娟、王海燕、黄进、刘梅婷、罗燕、张殿才、刘晓婧、田士和、王丽雪、金同水、王萍、马辰、许爽、韩培强、王立华、邱慎传、谷豆、董勇、张军、李培育、郑向国、王梅、王正敏、宋玉生、庞广平、张建中以及缅甸的李海军、米美玉等朋友对本书的出版给与了大力支持，编者在此一并感谢！

二〇一七年十一月十九日